Materiais
em Design

Título original: *Materials for Design*
Text copyright © 2013 Chris Lefteri
Design copyright © 2013 Laurence King Publishing Limited
Copyright da tradução © 2017 Editora Edgard Blücher Ltda.

A meus pais, Androulla e Stasi. Eu devo tudo a vocês.

Tradução: Henrique Eisi Toma

Blucher

Rua Pedroso Alvarenga, 1245, 4º andar
04531-934 – São Paulo – SP – Brasil
Tel.: 55 11 3078-5366
contato@blucher.com.br
www.blucher.com.br

Segundo o Novo Acordo Ortográfico, conforme 5. ed. do *Vocabulário Ortográfico da Língua Portuguesa*, Academia Brasileira de Letras, março de 2009.

Dados Internacionais de Catalogação na Publicação (CIP)
Angélica Ilacqua CRB-8/7057

Lefteri, Chris
 Materiais em design / Chris Lefteri ; tradução de Henrique Eisi Toma. – São Paulo: Blucher, 2017.
 256 p. : il., color.

ISBN 978-85-212-0963-8

1. Desenho industrial – Materiais 2. Processo de fabricação 3. Matérias-primas 4. Ecodesign I. Título. II. Toma, Henrique Eisi.

15-1034   CDD 620.11

Índices para catálogo sistemático:
1. Materiais – Desenho industrial

Materiais em Design

Chris Lefteri

CONTEÚDO

Seção 1 – PLANTAS E ANIMAIS

Seção 2 – PETROQUÍMICOS

Polímeros de Engenharia

Polímeros Básicos

Seção 3 – MINERAIS

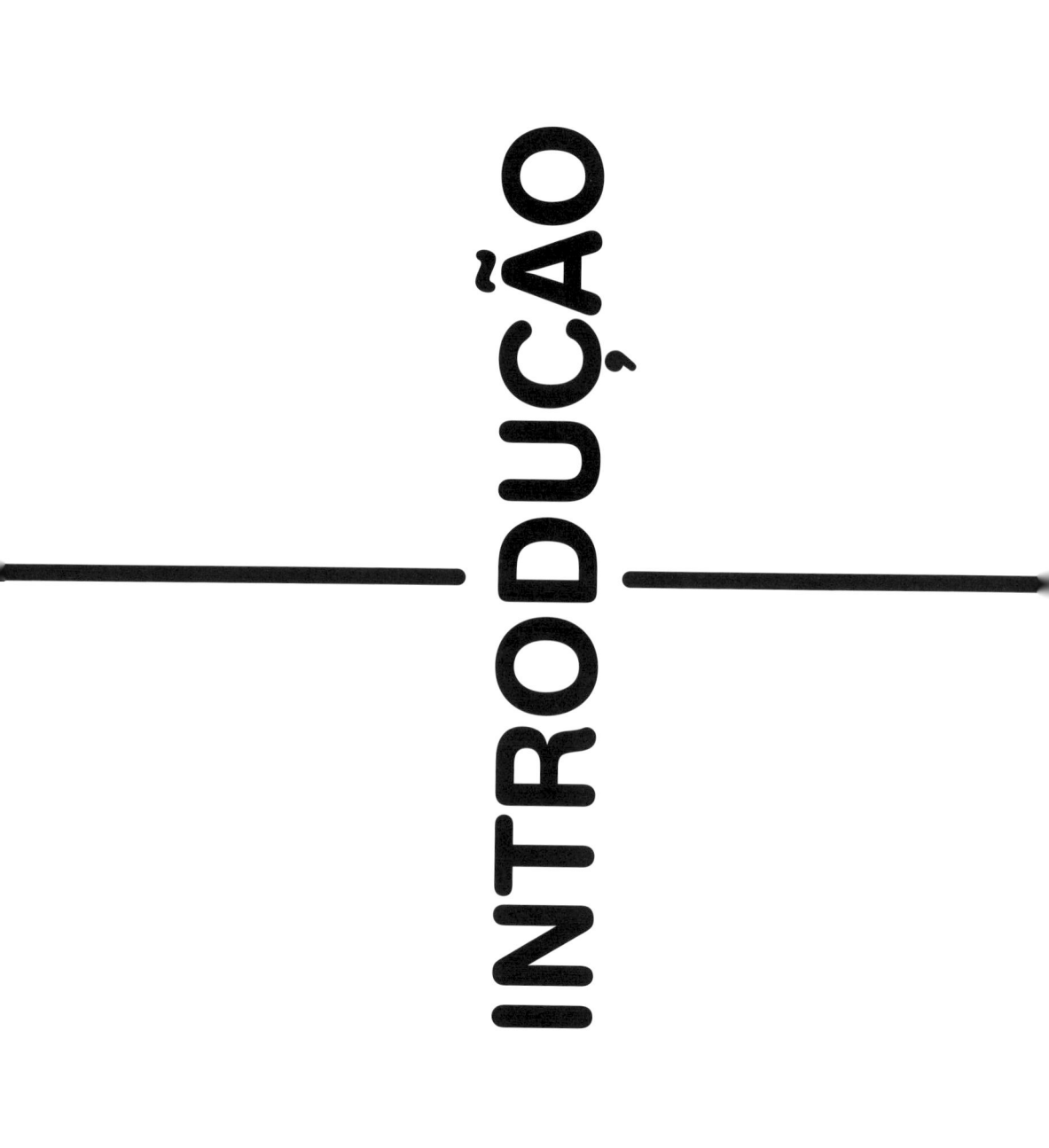

INTRODUÇÃO

Este livro é para quem está interessado ou envolvido com *design*. Ele não faz uma análise científica ou histórica dos materiais, mas pode ajudar a compreender o presente estágio em que estão os materiais – os que são mais comumente usados e os que são, potencialmente, materiais do futuro. Engloba todas as áreas do design e produção, com produtos feitos em única unidade ou produzidos em massa, na escala de milhões por ano, incluindo peças de alto design e até alguns objetos do cotidiano aos quais damos pouca importância. Comecei a escrever sobre materiais em 1999; eu disse então que estávamos apenas no início da nossa exploração dentro da área: quatorze anos depois, isso ainda permanece verdade, e é significativo o fato de que as inovações nos materiais não estão vindo apenas da comunidade científica, mas cada vez mais dos próprios designers. Este livro é uma exaltação à diversidade de materiais existentes com os quais os designers estão inovando e àqueles que estão sendo criados do zero.

"É como tentar capturar uma foto da família enquanto todos estão se movendo", foi o que disse Ezio Manzini em 1989, quando descreveu os materiais em seu livro *A matéria da invenção*. Como o tempo acelera o surgimento de novos tipos de materiais, a classificação em famílias precisa ser continuamente redefinida. A descrição bem estabelecida para famílias de materiais como os plásticos, metais e madeiras parece ficar cada vez menos relevante. Com as fronteiras cada vez mais difusas entre as famílias, está ficando difícil lidar com as definições antigas. Por exemplo, os plásticos estão cada vez mais presentes no território de outros materiais, como as inovações nos bioplásticos feitos de fibras de celulose, ou os plásticos que estão substituindo os metais em aplicações que exigem maior leveza e resistência à corrosão.

Ao longo da evolução de novas tecnologias e dos níveis de qualidade dos materiais, algo mais está acontecendo, mudando o valor que eles têm em nossa vida. Isso não está relacionado com a ciência dos novos materiais, mas com o papel que eles desempenham na vida contemporânea. Os materiais estão se tornando tema central nas histórias que têm como foco o consumidor: materiais com superfícies antibacterianas para melhorar a higiene; compósitos avançados que dão um toque de luxo aos consumidores de eletrônicos; materiais autenticamente "genuínos" como pedras, vidros e aço inoxidável sendo usados em interiores; o uso de "ecomateriais", ou materiais ecológicos, para aliviar a nossa culpa, e nos fazer sentir como consumidores cuidadosos.

Essas histórias com materiais não apenas ajudam a estabelecer diferenças entre as marcas, mas também facilitam designs que levam o consumidor a decidir sua escolha. Contudo, além dessa intenção, também existe uma iniciativa genuína de buscar fontes alternativas de recursos sustentáveis de materiais. Essa área está sendo conduzida tanto pela ciência como por designers como Suzanne Lee, com suas maravilhosas inovações baseadas em um material obtido da celulose bacteriana (veja página 60). Ela está desenvolvendo seus próprios materiais, em vez de meramente aplicá-los nos designs, *a posteriori*. Como as inovações em materiais continuam incessantemente, por que este seria um bom momento para respirar e refletir sobre o papel dos materiais e como eles poderiam se aplicados em design? Em parte, porque observar o design através da lente dos materiais é sempre algo interessante em termos das novidades e inovações que iremos encontrar; mas também porque o mundo e as ligações que temos com materiais estão passando por uma incrível mudança, impulsionada pelo desejo de novas histórias de sucesso e pela necessidade de encontrar soluções sustentáveis. Como resultado, o conhecimento dos materiais está se tornando muito importante para os designers, não apenas para desenvolver novos produtos, mas também para se ter uma melhor compreensão sobre suas propriedades e valores. Este livro faz um "instantâneo" de mais de uma centena de materiais básicos, apresentando informações essenciais que os designers precisam conhecer quando forem usá-los no trabalho.

Ao contrário do que aconteceu na revolução dos materiais nos últimos séculos, a próxima era dos materiais não será tão visível. Ela não levará à visão de futuro que tivemos nos anos 1950, como ilustrado na série dos Jetsons para a televisão, com aqueles veículos aerodinâmicos e suas cores de aquarela voando sobre nossa cabeça. Os temas serão numerosos, mas com certeza serão dirigidos para aplicações e produção com menor gasto de energia, para a questão da escassez e para novas interações do homem com os materiais. Algumas inovações nos materiais são invisíveis, ao contrário dos plásticos, metais ou cerâmicas: por exemplo, são as informações que você recebe em seu telefone, laptop, televisão ou no número crescente de outros dispositivos baseados em telas que irão mudar a interação física que você tem com os materiais. A mudança não está nas formas com que os materiais se apresentam. Nossa necessidade de explorar novas fontes de energia pode significar que o caminho que você trilha não será apenas uma via para carros, mas uma superfície para gerar eletricidade; as paredes da sala não serão simplesmente um lugar para

decorar com sua cor favorita, mas o lugar onde você escolhe as funções que ajustam melhor a sua morada – por exemplo, redução de ruído, neutralização de cheiros, eliminação de poluição. Este livro iria dobrar de tamanho se tivesse de incluir todos os tipos de tecnologias de materiais, e talvez isso venha a acontecer em um segundo volume.

As três seções deste livro não são baseadas nas definições tradicionais de materiais. Elas foram categorizadas com base na procedência deles. Como estamos focalizando a necessidade de reduzir o consumo de recursos, a questão da origem dos materiais – se cultivados, provenientes das plantas e animais, mineração ou petróleo – torna-se um critério muito importante. A seleção dos materiais dentro de cada uma dessas seções não foi exaustiva; em vez disso, procurou capturar os materiais que são mais usados ou usáveis, ou que são importantes e provocativos para os designers. Para alguns materiais, os estudos de caso foram obtidos de designers específicos, como a tocha olímpica de 2012, leve e de alumínio, feita por Barber Osgerby (veja página 174). E em alguns casos eles foram extraídos de produtos do cotidiano que são marcados pelo uso de um material em particular, como o bastão de críquete (veja página 42). A seleção foi baseada em materiais básicos como aço, carvalho, poliestireno, cal e vidro, e em materiais semiproduzidos, transformados em folhas (como as bem conhecidas marcas Corian® ou Lycra®). A informação fornecida para todos os materiais foi compilada de forma consistente, permitindo cruzar referências entre propriedades dos diferentes tipos de materiais. Os custos também foram incluídos, porém deve ser destacado que eles flutuam e os dados só servem para propósitos meramente comparativos.

Espero que este livro o torne mais curioso sobre os materiais de hoje, do amanhã, e do futuro não tão distante. Vamos, dê a partida e aprecie!

Chris Lefteri
Londres, 2013

PLANTAS E ANIMAIS

Bem-vindo ao maravilhoso mundo dos materiais cultivados, extraídos das plantas e animais: couro de peixe, têxteis produzidos por bactérias ou da crina do cavalo, plásticos feitos de penas de galinha, e materiais mais comuns como as fibras de plantas e a madeira. Esta seção cobre uma das maiores famílias de materiais, uma área que comporta tanto grandes indústrias químicas – que estão usando proteínas vegetais para fazer novos tipos de plástico – como projetos de pesquisa, como o de Fiorenzo Omenetto, cientista que está desenvolvendo uma incrível diversidade de produtos e usos para a seda.

Esta seção inclui projetos experimentais baseados em descartes, desconstituídos para fazer novos tipos de materiais. A necessidade urgente de encontrar materiais rapidamente renováveis está levando os designers a fazer experimentos com materiais de descarte. Por exemplo, Erik De Laurens está fazendo um novo compósito a partir de escamas de peixe; e o micélio, que é renovável e biodegradavel (ele cresce nas raízes dos cogumelos em questão de dias) está sendo usado para substituir o poliestireno expandido.

Como afirmado na introdução deste livro, uma das forças motoras do desenvolvimento dos materiais é a necessidade de fontes sustentáveis, e muitas inovações poderão ser encontradas nesta seção. O século xx será lembrado como um tempo em que as noções clássicas de produção tiveram como referência os plásticos derivados do petróleo. O próximo século poderá ser aquele em que os plásticos e produtos não mais sairão das máquinas, mas crescerão ou serão cultivados. De fato, materiais, com novas texturas crocantes e com superfícies interessantes, em padrões naturais, arranhados e divertidos já estão sendo desenvolvidos.

Cedro-vermelho

Red Cedar
(Juniperus spp.)

Quando eu era estudante, com falta de concentração durante a aula, achava incrivelmente terapêutico apontar um lápis. Fosse usando o antigo apontador metálico ou uma lâmina afiada de aço, era inconfundível aquele aroma levemente picante que exalava do lápis, e que em alguns suscita um desejo irresistível de mastigar a outra ponta. Esse objeto de madeira tem uma relação bastante próxima com seu usuário. Você o segura, crava as unhas na superfície coberta de tinta plástica, depois o cheira, esculpe uma ponta fina como agulha, e então o masca. Em seu ciclo de vida, ele passa daquele objeto de dimensões adequadas, para algo demasiadamente pequeno, um toco. Nas memórias de quando eu era bem jovem, o lápis também evoca o material e produto com que esbocei meus primeiros desenhos de espaçonaves intergalácticas.

Uma das razões de o lápis provocar tão fortes associações deve ser devido ao aroma que exala do cedro-vermelho, uma madeira de cerne marrom-avermelhada e textura suave e fina. Desde que foram desenvolvidos na Alemanha no século XVII, eles evoluíram para um produto de produção em massa. Um dos fatos curiosos sobre o lápis é que, nos Estados Unidos, 75% deles são vendidos na coloração amarela, talvez pelo velho costume do século XIX de usar o amarelo como símbolo de prestígio.

Imagem: Lápis de cedro

Produção
O lápis de cedro pode ser trabalhado facilmente com ferramentas manuais e mecânicas, com pouco acúmulo de sólido obstruindo as lâminas. Ele tende a rachar se for pregado, e não se curva com o vapor.

Sustentabilidade
De acordo com a IUCN (União Internacional para a Conservação da Natureza), o cedro-vermelho é uma das árvores menos sujeitas à extinção.

+

– Fácil de usar
– Fragância aromática
– Reto, liso
– Sustentável

−

– Propenso a rachar
– Não se curva com o vapor

Características
- Densidade média: 380 kg/m^3
- Leve, fino, homogêneo
- Fragância aromática
- Baixa rigidez
- Não é dobrável com vapor

Custo
O tipo mais comum de cedro é o da variedade vermelha, ocidental. Seu preço é moderado e é facilmente encontrado no mercado.

Fontes
Principalmente o leste dos Estados Unidos, Canadá, Uganda, Quênia e Tanzânia.

Aplicações típicas
O aroma do cedro tem sido colocado em uso em produtos como caixas de charutos, guarda-roupas e armários – para afastar as traças –, além de ataúdes e móveis de madeira compensada. As sobras de produção frequentemente são destiladas para se isolarem as essências.

Pinho *Pine (Pinus sylvestris)*

Esse nome lembra uma floresta, aromática, de clima temperado, porém é impossível descrever o pinho como uma madeira específica. Trata-se, na realidade, de uma família de madeiras, que inclui árvores de nomes sugestivos, como o pinho do açúcar e o pinho de Table Mountain, além de outros mais conhecidos, como é o caso do pinho da Escócia, pinho de Spruce e do pinho amarelo. Sua característica varia de uma madeira pastosa, ou resinosa, a um pinho amarelo, como se fora bem tostado, aparentando um exterior branco e um interior que varia entre o amarelo-marrom e o vermelho-marrom; acompanhado com frequência por um delicado aroma de resina.

Os pinhos ou pinheiros estão entre as madeiras mais conhecidas e utilizadas, principalmente pela sua grande amplitude de propriedades estruturais, incluindo força, rigidez, processabilidade, excelente estabilidade e baixa contração. Como seu crescimento varia durante os climas quentes e frios, o peso do pinho também é variável. Embora o pinho represente uma família, também faz parte de um grupo maior, juntamente com o abeto e o lariço, e é reconhecido pela denominação *deal*, usada para designar as madeiras maleáveis das coníferas.

Além do aroma florestal, outra associação que se faz com o pinho é a estética da "cozinha rural" que parece ter dominado a cozinha europeia durante grande parte do século passado. Em particular, o que eu gosto da cadeira de braços Favela, criada por Fernando e Humberto Campana, é a natureza *ad hoc* do design, que parece adequado a uma madeira com tamanha diversidade de aplicações.

Imagem: Cadeira Favela, por Fernando e Humberto Campana

Produção
O pinho geralmente é fácil de trabalhar, porém sua resina viscosa algumas vezes pode ser problemática. Os nódulos também apresentam problemas de remoção. A madeira aceita bem a cola, a menos que seja muito resinosa. Também assimila bem corantes, tintas, óleos e vernizes.

Sustentabilidade
Os pinheiros são árvores de crescimento rápido, e podem ser considerados renováveis se explorados de forma correta. Um dos aspectos interessantes dos pinheiros, em relação ao seu crescimento, é que são plantados geralmente próximos de árvores frondosas, protetoras, como os carvalhos, que resguardam as plantas jovens da ação do vento, enquanto permitem a entrada da luz.

+	**−**
– Fácil de trabalhar	– Não é particularmente resistente
– Boa estabilidade dimensional	– Algumas lascas podem escapar da madeira
– Aceita bem acabamentos	
– Sustentável	

Custo
A maioria dos pinhos tem preço moderado.

Fontes
Principalmente Canadá, Estados Unidos, Reino Unido, Europa Central e países escandinavos; contudo, o pinho também cresce em regiões mais ao sul, como em Portugal, e mais ao norte, como na Sibéria. Quanto mais frio, mais lento é o crescimento, o que melhora a qualidade.

Características
• 390-690 kg/m³
• Facilidade de trabalho
• Aceita um bom acabamento
• Baixo encolhimento
• Pouca resistência mecânica

Aplicações típicas
A excelente estabilidade do pinho o torna particularmente adequado para fazer relevos em portas e molduras. Também é usado em construções de pequeno e médio porte, barcos, mobiliários, artigos de marcenaria e em postes. Como o maple, ou bordo (NT: árvore encontrada em países do norte, como o Canadá), os pinhos também são valorizados pelos seus coprodutos. A resina secretada pelos pinhos tem muitas aplicações, como uma forma de piche, alcatrão e aguarrás.

Abeto-de-douglas
Douglas Fir
(Pseudotsuga menziesii)

Um plástico sempre será um plástico. É claro, cada espécie dessa grande família é diferente, mas, se criarmos um engradado de polipropileno, então é certo que ele será sempre o mesmo, não importa quantos diferentes produtos venham a ser feitos com ele. Contudo, a biografia de muitos materiais cultivados é uma crônica do clima e geografia associada. Ao contrário do vinho – um produto peculiarmente sensível à natureza –, a história da madeira influencia a sua aparência e o modo como ela é usada. Sua textura encerra memórias do tempo e do lugar.

Para mim, não há nada como os desenhos distintos, despretensiosos do abeto-de-douglas (NT: também conhecida como árvore natalina). Essa madeira, que talvez não seja tão conhecida e respeitada como o pinho e o cedro, destaca-se, no entanto, pelas belas cores e textura. No tocante à cor, transmite um tom quente de mel, com muitas faixas marrom-avermelhadas em seu cerne, que distinguem as madeiras jovens das antigas. Essa coloração, combinada com as belas marcas ondulantes que lembram os tigres, e seu aroma doce e picante diferenciam esta e as outras madeiras. Também conhecida como pinho-da-colúmbia-britânica, ou pinho-columbiano, abeto-de-douglas, abeto-vermelho-e-amarelo e pinho--de-óregon, na realidade ela se coloca de forma isolada, como uma espécie própria, que não o pinho.

Imagem: Guarda-roupa, por Jasper Morrison

Produção
Disponível em tamanhos longos e tonalidades claras, geralmente sem nódulos, é fácil de trabalhar, mas tem um efeito de acúmulo sobre a serra, que precisa ser mantida afiada. Deve-se ter mais cuidado com madeiras de cultivo rápido, visto que elas podem rachar quando cortadas através dos grãos da textura. Um bom acabamento pode ser obtido com o abeto-de-douglas, porém sua textura diferencial já se revela muito bem com um simples polimento. Essa madeira pode ser colada com facilidade.

Sustentabilidade
O abeto-de-douglas não aparece em nenhuma das três principais listagens do CITES (Convention on International Trade in Endangered Species of Wild Fauna and Flora) de espécies em perigo de extinção. Trata-se de uma árvore de crescimento rápido e que pode ser visto como renovável, sob gerenciamento correto das florestas.

+	−
– Quase livre de nódulos	– Susceptível à ruptura se cortada através dos veios da madeira
– Fácil de trabalhar	
– Alta resistência mecânica e de flexão	– Requer mais acabamento do que as outras madeiras
– Renovável	

Custo
Comparado com outras madeiras, o abeto de Douglas tem um preço moderado.

Fontes
Embora seja comum no planeta, a maioria dos abetos-de-douglas vem dos Estados Unidos e Canadá. Outras áreas incluem o Reino Unido, França, Austrália e Nova Zelândia.

Características
- Densidade = 530 kg/m³
- Alta solidez
- Alta resistência à compressão
- Alta resistência à flexão
- Alto teor de resina
- Praticamente livre de nódulos

Aplicações típicas
Adequados para trabalhos de marcenaria externa, após a retirada da casca (não é necessário tratamento com agentes preservantes, mas eles podem ser benéficos), marcenaria de partes internas, encaixes e mobílias, geralmente sem pintura, para fazer estruturas e pisos. Na indústria pesada também é usado no trabalho de construção e em dormentes de trilhos. O abeto-de-Douglas é uma das maiores fontes de madeira compensada do mundo.

Álamo *Poplar (Populus spp.)*

A madeira geralmente não é considerada um material de produção em massa. É claro, ela é usada em todas as formas de produtos, mas não da mesma maneira que o plástico moldado e o metal, nos quais partes idênticas saem aos milhões das linhas de produção. A madeira não é vista como um material do qual bilhões de produtos idênticos são produzidos. A Ikea (NT: rede sueca de comércio de móveis) produz móveis de madeira, mas todas ainda são montadas manualmente.

Existe, contudo, um produto de madeira que é produzido em massa, como o vidro e a lâmpada, e é tão abundante como a caneta esferográfica de plástico.

De fato, o palito de fósforo, assim como o palito de dente, está na escala estratosférica de volume de produção. O palito de fósforo utiliza a capacidade do álamo de queimar facilmente sem produzir toxinas, e um elevado nível de tecnologia está envolvido na fabricação de uma simples unidade. Durante o processo não há qualquer contato humano com os produtos. Primeiro, a madeira é cortada em chapas formando camadas, que então são cortadas em talas ou palitos quadrados. Estes são depois inseridos em uma série de furos em placas metálicas, a uma velocidade de 40 mil palitos por minuto. Essas placas transportam os palitos pelos vários estágios de produção, e isso pode ser notado nos cantos arredondados na base de cada palito de fósforo. Os palitos são mergulhados em um banho químico para prevenir a incandescência depois que o fósforo é queimado, e então são colocados em parafina para ajudá-los a queimar mais facilmente. As máquinas podem produzir cerca de 55 milhões de unidades por dia.

Imagem: Palitos de fósforo, produzidos em abundância

+	**−**
– Dureza	– Pouca flexibilidade de dobra ao vapor
– Boa resistência ao estilhaçamento	– Perecível
– Facilidade de trabalho	– Baixa resistência a impacto
– Sustentável	– Acabamento ruim

Produção
Sua granulosidade lisa torna o álamo uma madeira bem trabalhável; contudo, tem uma baixa flexibilidade de curvagem sob vapor. Quando pintado, o álamo pode apresentar manchas.

Sustentabilidade
O álamo é uma árvore de crescimento rápido e, portanto, pode ser visto como renovável sob um manejamento correto das florestas. Também pode ser cultivado em solos relativamente pobres. As árvores crescidas são sequestradoras efetivas de carbono.

Características
- 448 kg/m³
- Cor pálida
- Boa firmeza em relação ao peso
- Liso mas com textura de lã
- Boa resistência à fragmentação
- Resistente a impacto
- Baixa flexibilidade
- Propenso ao ataque de insetos

Fontes
Europa,
Estados Unidos
e Canadá.

Aplicações típicas
Não subestime o álamo
por seu uso em fósforos.
Ele tem sido usado em
muitas outras aplicações,
por exemplo, em blocos de
amortecimento para vagões
de trem, caixas e engradados,
na marcenaria de interiores
e em brinquedos. Também é
bastante usado na fabricação
de compensados.

Custo
O álamo é
relativamente barato.

Teixo *Yew*
(Taxus baccata)

Se você está escrevendo um livro sobre materiais, ele deveria incluir produtos que destacam a sua funcionalidade. Como exemplo de madeira com boa força de tensão, não pode haver muitos exemplos melhores que o arco de atirar flechas. É uma bela demonstração do uso das propriedades mecânicas de um único pedaço de madeira.

A chave para a concepção de um arco está na compreensão das tensões concorrentes que devem vir do lado de fora – conhecidas como tensões traseiras – e das forças de compressão que vêm do lado de dentro – denominadas tensões do ventre, ou barriga. A escolha tradicional da madeira para o arco de longa envergadura tem sido o teixo da Europa.

O processo natural de laminação proporciona o contraste que vem do cerne da madeira – a parte interna da árvore – pela boa resistência à compressão, e a camada de madeira debaixo da casca, que tem boa elasticidade quando tensionada. Isso significa que um único pedaço de teixo satisfaz a ambos os requisitos físicos. Quando outras madeiras são usadas em arcos, o design algumas vezes assimila uma composição de variedades de madeira. Em algumas circunstâncias, a nogueira-americana é usada na parte traseira, e o carpino é usado no lado de dentro, ou ventre. Na Ásia, a combinação do formato de chifre no lado de dentro e o efeito do tendão animal do lado de fora proporciona um disparo explosivo. Como acontece com muitos materiais naturais, a madeira tem sido substituída mais recentemente por compósitos sofisticados de carbono e de fibra de vidro nas atuais competições de arquearia.

Imagem: Arco de longa envergadura de teixo

+	**—**
– Excelente em força e elasticidade	– Difícil de trabalhar
– Boa estabilidade	
– Curva bem com vapor	
– Bastante decorativo	

Produção
Se a madeira da balsa e do limoeiro lembram madeiras macias, o teixo lembra uma madeira dura, difícil de trabalhar. O teixo também se junta ao freixo, bétula, olmo, nogueira-americana, carvalho e nogueira como uma madeira boa para ser dobrada sob vapor. Esse é um processo que pode ser feito em escala industrial ou doméstica.

Sustentabilidade
Existem menos teixos agora do que no passado, como acontece com outras espécies na natureza utilizadas pelo homem. Considerando a força, a durabilidade e a beleza da madeira, parece estranho que muitos dos usos próprios do teixo estejam agora sendo substituídos pelo ferro. A espécie também está sendo sujeita ao corte, em parte devido à crescente demanda das indústrias farmacêuticas que buscam o Taxol, um produto com propriedades anticancerígenas extraído das folhas de espécies cultivadas.

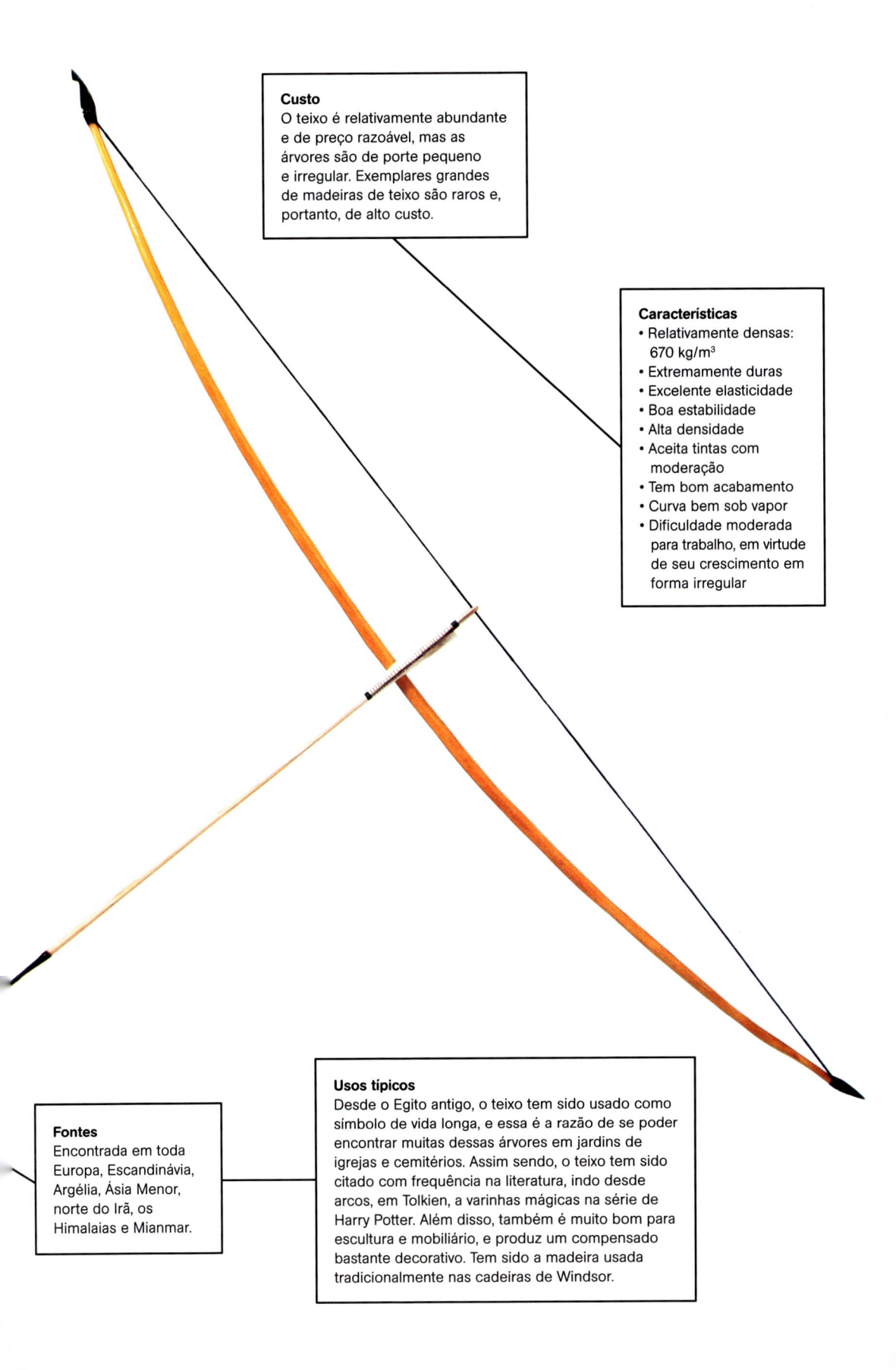

Custo
O teixo é relativamente abundante e de preço razoável, mas as árvores são de porte pequeno e irregular. Exemplares grandes de madeiras de teixo são raros e, portanto, de alto custo.

Características
- Relativamente densas: 670 kg/m³
- Extremamente duras
- Excelente elasticidade
- Boa estabilidade
- Alta densidade
- Aceita tintas com moderação
- Tem bom acabamento
- Curva bem sob vapor
- Dificuldade moderada para trabalho, em virtude de seu crescimento em forma irregular

Fontes
Encontrada em toda Europa, Escandinávia, Argélia, Ásia Menor, norte do Irã, os Himalaias e Mianmar.

Usos típicos
Desde o Egito antigo, o teixo tem sido usado como símbolo de vida longa, e essa é a razão de se poder encontrar muitas dessas árvores em jardins de igrejas e cemitérios. Assim sendo, o teixo tem sido citado com frequência na literatura, indo desde arcos, em Tolkien, a varinhas mágicas na série de Harry Potter. Além disso, também é muito bom para escultura e mobiliário, e produz um compensado bastante decorativo. Tem sido a madeira usada tradicionalmente nas cadeiras de Windsor.

Limoeiro-europeu

*European Lime
(Tilia x europaea)*

Pergunte aos adultos qual é a lembrança do seu material favorito na infância, e há uma boa chance de que resposta seja a madeira. Não necessariamente um brinquedo, apenas um pedaço de madeira, pois sendo suficientemente macia você pode transformá-la com um canivete em qualquer coisa, desde aeroplanos a bonecas. É claro que crianças não têm familiaridade com o tipo de madeira, mas se pudessem escolher uma que fosse macia e fácil de cortar, elas prefeririam um pedaço de limoeiro.

De aparência amarelo-creme, em vez do tom de porcelana pálida como o bordo ou o maple japonês, o limoeiro é a madeira preferida do escultor e – como a balsa (madeira mais leve que a cortiça) e a madeira de caixa – é uma das variedades contraditórias de madeira dura que é macia. Com sua textura pálida, cerrada e resistência à rachadura, o limoeiro ou tília-americana, como às vezes é conhecida, tem sido usado como a principal madeira para esculpir formas emaranhadas e complexas, que seriam difíceis de talhar com outras madeiras. Assim, ele se ajusta ao artista, pois, como nenhum outro material, a madeira – e o limoeiro em particular – pode ampliar o potencial do designer. Ela é prontamente acessível, precisando apenas de uma serra simples, um martelo e pregos, algumas folhas de lixa e cola para transformar os pedaços mais simples em animais de brinquedo. O limoeiro é a madeira que por milhares de anos tem proporcionado ao artista um material perfeito para esculpir.

Imagem: Brinquedo por Ooh Look it's a Rabbit

Produção
A textura fechada do limoeiro é uma das razões para sua resistência a rachaduras e de servir tão bem para esculpir. Contudo, sua suavidade pode gerar uma aparência difusa. Não se curva bem com o vapor, mas aceita um bom acabamento com tintas e vernizes.

Sustentabilidade
Essa espécie de madeira não está listada no CITES como espécie ameaçada de extinção.

+	−
– Fácil de trabalhar, sendo bom para esculpir	– Sua suavidade pode resultar em uma superfície difusa
– Cola bem e tem bom acabamento	– Não é dobrável pelo vapor
– Liso, com textura uniforme	
– Sustentável	

Características
- Leveza: 535 kg/m³
- Macio e fácil de esculpir
- Excelente resistência a rachaduras
- Fácil de trabalhar
- Baixa rigidez
- Sem odor
- Liso, uniforme e de textura fina

Custo
O limoeiro é relativamente barato.

Fontes
Encontrado em toda a Europa e Reino Unido. Nos Estados Unidos é conhecido como limoeiro-americano ou tília.

Aplicações típicas
Devido à sua capacidade de resistir a rachaduras, o limoeiro encontra seu melhor uso como madeira para esculpir. Essa característica também é aproveitada em tábuas de corte para trabalho com couro e para gerar padrões. Tem uma variedade de usos em produtos torneados, chapeleiros e membros artificiais. A ausência de cheiro também o habilita para uso em recipientes de alimentos. Um dos subprodutos do limoeiro é a "lã de madeira", material feito de raspas finas, usado para empacotamento.

Carvalho *Oak (Quercus)*

A madeira rústica, de textura aberta e de cor marrom-clara do venerado carvalho provém de mais de duzentas diferentes espécies, mas talvez tenha uma associação cultural ainda mais rica. Seu estilo inglês, em particular, está saliente nesta frase do escritor Aidan Walker, especializado em mobília britânica:

"Não há nenhuma árvore mais ligada à história e ao fervor patriótico de uma nação, nenhuma árvore reconhecida por ter servido à nação tão bem e de forma tão consistente, como o carvalho na Grã-Bretanha."

Diferente de qualquer outra classe de material, apenas a madeira poderia suscitar esse nível de afeição. Como muitos materiais, suas qualidades ecoam na língua inglesa – do nome em latim *Quercus robur*, extraiu-se a palavra *robust* ("robusto") – e, como tal, o carvalho, metaforicamente e na prática, é realmente um material muito forte.

Não é surpresa que o carvalho chegue até mesmo ao nosso trato sensorial, indo além de sua aparência para evocar sabores e aromas: é usado para fazer tonéis de vinho e uísque, com o ácido tânico das fibras de madeira transmitindo aquele sabor diferenciado. Essa aplicação também reflete suas propriedades de impermeabilidade ao ar e ao líquido. O carvalho também é usado para defumar queijo e presunto. Indo muito além dessas qualidades, o carvalho é notável por sua resistência à compressão, com boa consistência, densidade e, como o teixo, freixo, bétula, olmo, nogueira e nogueira-americana, também pode ser curvado com vapor.

Imagem: Mesas de Paolo Pallucco

Produção

Assim como todas as madeiras e materiais naturais, a colheita e corte do material pode produzir diferentes resultados em termos de desempenho e estética. Por exemplo, uma quarta parte do corte de carvalho tem um padrão diferenciado, lembrando raios. Ele pode ser facilmente fatiado para fazer compensados, e ser prontamente esculpido, apresentando excelente resposta à curvagem com vapor. Durante o corte, o carvalho pode tirar rapidamente o corte das ferramentas, exigindo ainda várias demãos de acabamento, cera, tintura e polimento.

Aplicações típicas

Além de seu uso na defumação do presunto e em barris de vinho e uísque, também é usado em cerâmica vítrea à base de cinzas e na curtição do couro. É uma das madeiras duras de maior uso. O carvalho de boa qualidade é usado em certos tipos de mobília, assoalho, fabricação de barcos, barris de bebidas, molduras em portas de casas, painéis, bancos de igrejas e esculturas.

+	−
– Extremamente versátil	– Textura rústica
– Fácil de trabalhar	– Alguns problemas de sustentabilidade
– Forte e duro	
– Aceita bem acabamentos	
– Boa resistência à água	
– Padrões diferenciados	

Custo
O carvalho está
na faixa média de
preços das madeiras
duras no mercado.

Fontes
Encontrado no hemisfério Norte
e regiões de clima temperado
da Europa, Ásia Menor, norte da
África e leste dos Estados Unidos.

Sustentabilidade
O quantidade de carvalho diminuiu bastante no Reino Unido
ao longo dos últimos séculos, mas a Administração Florestal
está promovendo o replantio das árvores nativas. Existe na
Europa uma doença causada por fungo conhecida como
"morte repentina do carvalho", e embora ela ataque muitas
outras espécies, incluindo a rosa-dos-alpes, o *viburnum*, a faia, a
castanha-doce e o carvalho-holm, as árvores nativas parecem ter
alguma resistência a ela. Contudo, isso representa uma ameaça
para os carvalhos no futuro – particularmente se as árvores
ficarem estressadas por mudanças climáticas. Outro efeito mais
preocupante conhecido como "declínio agudo do carvalho" foi
identificado recentemente no Reino Unido, por estar matando as
árvores nativas. Suas causas ainda não são conhecidas.

Características
• 720 kg/m^3
• Textura rústica
• Granulosidade alinhada
• Fácil de trabalhar
• Bom acabamento
• Riqueza de textura
• Boa resistência à água

Faia-europeia *European Beech (Fagus sylvatica)*

A faia, ou beech-europeia, é uma madeira marrom-creme, lisa, salpicada de manchas distribuídas regularmente, ao contrário da faia-americana, que tem um padrão mais acentuado e coloração avermelhada. Qualquer que seja a que você encontre, ela nunca será considerada uma madeira ofuscante – não competirá com a riqueza das superfícies encontradas nas madeiras tropicais, ou com as marcas de tigre do abeto-de-douglas. Embora a árvore seja majestosa, sua madeira oferece a praticidade de ter uma densidade bastante uniforme, o que permite que seja modelada facilmente. Assim, é a madeira que tem suprido a produção de mobílias e utilitários.

A faia é uma madeira valiosa e uma das mais empregadas no Reino Unido. É usada para muitas coisas, desde os móveis utilitários das salas de aula até os encontrados na cozinha. Em relação à sua qualidade, ela é forte, aceita um bom acabamento e pode ser facilmente trabalhada, justificando suas múltiplas aplicações. A faia me fará lembrar sempre do mobiliário escolar e, em particular, de uma escrivaninha que passou a ter um novo uso como mesa na cozinha da minha madrasta – uma mesa que era bem diferente das tradicionais das cozinhas, pela coloração distinta e textura, pois era feita de faia.

De fato, são a textura simples e a coloração uniforme da faia que a promovem como madeira a ser tingida para imitar as mais exóticas, como o mogno e a nogueira. Talvez seja essa uma das razões para Thonet ter usado a faia em suas cadeiras de madeira no início do século XIX.

Imagem: Mesas laterais de Patrícia Urquiola, para a Artelano.

Produção
A faia, como exemplificado pelas icônicas banquetas de madeira de Thonet em cafeterias, é uma excelente madeira para moldagem com vapor, ao lado do freixo, bétula, olmo, nogueira-americana, carvalho, nogueira e teixo. Esse processo pode ser feito em escala industrial ou doméstica. Além da moldagem com vapor, a faia também pode ser trabalhada para se ter um bom acabamento, porém tem uma tendência de queimar se as ferramentas não estiverem afiadas. Pode ser torneada e esculpida facilmente, mas tende a rachar se for pregada.

Sustentabilidade
A faia-europeia não aparece em nenhuma das listas do CITES como espécie ameaçada de extinção.

+	−
– Fácil de trabalhar	– Pode empenar ou rachar se não for secada corretamente
– Madeira forte	
– Versátil	
– Moldável com vapor	– Não é a madeira mais atraente, pela textura simples e uniformidade
– Sustentável	

Custo
A faia é uma madeira de baixo custo.

Aplicações típicas
Em virtude de seu custo acessível e boas características de trabalho, a faia é uma das madeiras preferidas para uso geral, e por isso está presente em grande variedade de produtos. Isso inclui apetrechos de sapateiro, ferramentas manuais ergonômicas, cabines, materiais esportivos, brinquedos, materiais torneados, utensílios de cozinha, tábuas de cortar, instrumentos de laboratório e partes de instrumentos musicais.

Fontes
Europa Central e Leste Asiático.

Características
- Densidade mediana 720 kg/m^3
- Textura fechada e consistente
- Madeira forte
- Fácil de trabalhar
- Aceita bom acabamento
- Pode empenar ou rachar se for seca incorretamente
- Dobra bem com vapor

Bordo *Rock Maple (Acer saccharum)*

O bordo é uma madeira com variedades do tipo duro ou *soft*, e até uma forma quase translúcida encontrada na espécie japonesa, com sua textura de porcelana. Suas propriedades dão flexibilidade às pranchas de patinação, ou dureza às pistas de boliche. Assim, o bordo é classificado como uma madeira dura e elástica. Deixando de lado o bordo de madeira *soft*, que tem um tom avermelhado e um toque ondulado e quente, a maioria das espécies são facilmente reconhecidas pela sua textura uniforme, creme-clara.

O uso dessa madeira dura, com sua textura típica, em facas, permite ir além das possiblidades tradicionais. As facas, nesse caso, são destacadas não pelo aço, mas pela textura natural da madeira. O uso do bordo nesses produtos permite explorar a força da madeira e sua resistência à abrasão. Por isso, é o material de escolha para fazer as pistas de boliche. Comparado com outras madeiras fortes, como o carvalho, tem maior força de flexão, porém, com relação à compressão, a força é semelhante.

Deixando de lado sua textura uniforme e dureza, outra característica do bordo pode ser observada quando ele é cortado próximo da região da árvore que apresenta crescimento irregular. Nesse caso são gerados padrões diferenciados, do tipo "olho de pássaro".

Imagem: Facas de madeira integral, por Andrea Ponti

Produção

Tem boa facilidade de dobra com vapor, porém, exceto para a variedade macia, oferece dificuldade em trabalhos com ferramentas, pela tendência de esgotamento do corte com rapidez. Aceita bom acabamento com tinturas, e pode ser polido relativamente bem. Precisa da aplicação prévia de um furo antes de receber prego ou parafuso.

Aplicações típicas

Sua força e resistência ao desgaste o torna uma excelente madeira para assoalho doméstico e industrial, particularmente em quadras de squash, pista de boliche e pistas de patins sobre rodas. Também é usado em sapatos duráveis, rolamentos têxteis, mobiliário e peças torneadas. O xarope de bordo (maple) também é um produto dessa árvore. O bordo-de-birdseye também é conhecido como bordo-de-violino, devido ao seu uso nesse instrumento. A Jaguar utiliza dois tipos de entalhes feitos de bordo, no interior do carro, em modelos mais caros e nos executivos. A consistência flexível do bordo também é explorada no design de pranchas de patinação, pelo benefício proporcionado em termos de força e leveza.

+

– Extremamente duro e flexível
– Alta resistência ao desgaste
– Dobrável com vapor
– Sustentável

–

– Pode causar alergias
– Susceptível ao ataque de insetos

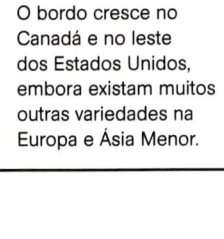

Fontes
O bordo cresce no
Canadá e no leste
dos Estados Unidos,
embora existam muitos
outras variedades na
Europa e Ásia Menor.

Características
- Densidade média
  720 kg/m^3
- Alta resistência à
  abrasão e desgaste
- Tingimento e
  acabamento razoável
- Textura fina e uniforme
- Média densidade
- Curva-se bem com vapor

Sustentabilidade
A madeira não está
listada no CITES como
espécie ameaçada
de extinção.

Custo
Seu preço é moderado.

Teca *Teak (Tectona grandis)*

A teca apresenta uma rara combinação de propriedades físicas e mecânica. Embora ela tenha uma densidade e dureza média, é sua oleosidade natural – bastante notória quando você a toca – que a diferencia de outras madeiras, proporcionando uma resistência natural aos efeitos do clima. Com isso, é dispensável o uso de preservantes e a madeira está praticamente livre de manutenção. Deixando de lado sua oleosidade, ela tem outras propriedades que a tornam uma madeira bastante delicada. Tem uma textura rica, com nuances de tigre, e coloração de xarope-marrom, com odor peculiar, especialmente quando o corte está fresco. Talvez seja esta a razão para ela pertencer à família aromática das *Lamiaceae*, que inclui ervas como sálvia, orégano, manjericão e alecrim.

Sendo uma das madeiras mais sólidas e duráveis, existem muitas histórias sobre a sua extrema dureza, algumas ilustrando como ela pode ser aumentada, enterrando-a em terra úmida por vários anos. Esse método foi usado para endurecer a teca para ser usada na construção das tradicionais jangadas chinesas. Essas propriedades são semelhantes ao do iroko (NT: tipo de árvore africana), que é frequentemente usado como uma alternativa para a teca. Mas, como qualquer um que possua um jardim com móveis de teca já sabe, sem aplicações regulares de óleo, esta madeira de cor quente muda para um tom mais frio, cinza-prata.

Existe ainda outro lado mais sério na produção da teca, que diz respeito ao desflorestamento. À medida que o consumo de teca aumenta, extensas regiões de floresta nativa de Mianmar estão sendo prejudicadas. Embora a região tenha a maior floresta nativa de toda a Indonésia, as plantações controladas pelo Estado precisam ser gerenciadas corretamente para dar sustentabilidade às florestas de teca.

Imagem: Banco de teca, de Wolfgand Pichler

Produção

Trata-se de uma madeira de densidade e dureza média, que pode ser curvada com vapor até um raio moderado. Sua boa resistência aos agentes climáticos – devido aos óleos naturais que ficam nos poros – faz com que ela não aceite vernizes, resinas ou tinturas muito bem. É relativamente quebradiça e inadequada para uso em ferramentas de mão, ou materiais esportivos que requerem uma boa força de impacto ou de flexão.

Sustentabilidade

Leva cerca de 100 anos para a teca amadurecer como madeira, e embora as árvores sejam comuns, as florestas nativas da Índia e Mianmar estão ameaçadas com a exploração excessiva. Isso tem levado Mianmar a interromper a exportação da madeira bruta, porém o contrabando existe. Contudo, de acordo com a União Internacional para a Conservação da Natureza, a teca é classificada como madeira de baixa preocupação. Existe também mercado no sudeste da Ásia para a teca reciclada de velhos depósitos, para fabricação de móveis.

+	−
– Boa dureza	– Relativamente quebradiça
– Dobra bem com vapor	– Problemas de sustentabilidade na Índia e na Indonésia
– Boa resistência química	– Não aceita acabamentos muito bem

Aplicações típicas

A natureza bastante resistente da teca a torna particularmente adequada para aplicações em ambientes externos, especialmente em áreas de maior desgaste, como perto de água salgada. Assim, ela tem sido usada em convés de barcos, construções, docas e pontes. Também é bastante usada em móveis de jardins e parques. Sua vantagem nessas áreas públicas é que sua coloração muda suavemente ao envelhecer, passando do dourado-marrom até cinza-prata. Ela não requer nem aceita agentes preservantes. Além desses usos, a teca é usada em aplicações com resistência a ácidos, como tanques e bancadas de laboratório. Outras aplicações não estruturais incluem usos medicinais, principalmente no sudeste da Ásia.

Fontes

A teca é nativa na Índia e sudeste da Ásia, sendo Mianmar a maior responsável pelo suprimento no mundo. Florestas monitoradas na Indonésia também representam uma fonte dessa madeira.

Custo

A teca é cerca de cinco vezes mais cara que o carvalho, e algumas vezes é considerada a "platina" das madeiras.

Características
- Densidade média: 630-720 kg/m^3
- Boa dureza
- Curva-se bem com vapor
- Excelente estabilidade dimensional em larga faixa de temperatura
- Boa resistência química.
- Relativamente quebradiça
- Moderadamente fácil de trabalhar

Nogueira-europeia *European Walnut (Juglans regia)*

Madeira, para muitos, é símbolo de *status*. Como os metais, a madeira tem historicamente muitas associações, referências e relatos. Combinado com o cheiro característico do couro, o interior do carro é um dos lugares onde essas qualidades são mais cobiçadas e valorizadas. Mesmo com tecnologias de ponta em qualquer parte do carro e o uso de materiais avançados, a madeira ainda ocupa uma posição de destaque na opinião dos consumidores.

A nogueira é uma daquelas madeiras famosas pelas suas qualidades decorativas naturais, assim como o fruto que ela produz. O período de 1620-1720 tornou-se a "Era da Nogueira" devido ao seu uso no mobiliário refinado dos ingleses. Ela está presente ainda no mais britânico dos carros, o famoso Jaguar, gerando associações notáveis com essa madeira.

Existem três grupos principais, sendo a nogueira-europeia distinta da americana ou da sul-americana por ter uma textura mais ondulada e um tom mais quente, marrom. Porém, todas apresentam propriedades funcionais semelhantes. Suas propriedades mecânicas são caracterizadas por uma força média de flexão, comparável à da faia e, ainda, uma alta força de compressão e solidez.

Além do tronco, as raízes da nogueira também proporcionam uma boa fonte de madeira, razão pela qual muitas vezes se cava ao redor da árvore. Juntamente com seus frutos, a nogueira tem outros subprodutos, como o tanino, que pode ser destilado das folhas para fazer um antídoto contra veneno. As nozes também são bem conhecidas pelo óleo que contêm.

Imagem: Quasi table, por Aranda/Lasc

Produção
Assim como todas as madeiras, e as coisas vivas, a colheita e corte do material pode levar a diferentes resultados em termos de desempenho e estética. Um dos usos mais importantes da nogueira decorre o fatiamento da árvore em lâminas para produzir o que se chama de walnut burr, material peculiar onde os detalhes dos veios correm em todas as direções, proporcionando um visual bastante admirado em mobílias antigas e também no interior do Jaguar, onde é revestido com uma cobertura de poliéster durável, sem uso de graxa, para aumentar a solidez e assegurar que esses símbolos de sucesso cumpram suas garantias de longo prazo. A nogueira é facilmente curvada com vapor, e pode ser tingida, resultando em bom acabamento.

Sustentabilidade
Segundo a Universidade de Purdue, nos Estados Unidos, verões mais quentes e secos e eventos climáticos extremos poderão ser fatais para as nogueiras. No Reino Unido, a Jaguar vem patrocinando um projeto comunitário de 72 hectares para o cultivo da nogueira.

+	**−**
– Fácil de trabalhar	– Está se tornando
– Curva bem com vapor	insustentável pela
– Acabamento altamente	disponibilidade limitada
decorativo	– Alto custo relativo

Bétula-europeia
European Birch
(Betula pendula)

As bétulas são árvores que soltam facilmente as cascas, razão pela qual são uma das melhores madeiras conhecidas para compensados. Além de serem facilmente fatiadas, outra razão para serem tão usadas em compensados é sua consistência dura, densa, forte e reta, com uma coloração marrom pálida que permite seu fácil tingimento e acabamento para várias aplicações. Seu visual em tons suaves as tornam adaptáveis e permitem que sejam tingidas, de forma a imitar outras madeiras mais pesadas, como o bordo ou a cerejeira. São, portanto, extremamente versáteis e úteis em designs que requerem madeira de cor clara.

As bétulas estavam entre as primeiras a recompor as paisagens rochosas varridas pelo gelo, depois que as geleiras da última era glacial retrocederam; portanto, ela é frequentemente tratada como uma espécie pioneira. A bétula-prateada – outro nome da bétula-europeia – está presente em toda a Europa e Ásia Menor. A bétula felpuda, uma das poucas árvores nativas da Islândia, também é encontrada na maior parte da Europa e norte da Ásia.

Existem muitas espécies de bétula, as quais variam ligeiramente no aspecto e propriedades. A madeira da bétula-amarela e da bétula-doce é pesada, dura e forte, enquanto a da bétula-do-papel é mais leve e menos dura, forte e resistente. Todas as bétulas têm uma textura fina e uniforme. A bétula-do-papel é fácil de lidar com ferramentas manuais, já a bétula-doce e a amarela são mais difíceis de trabalhar com essas ferramentas, bem como de colar, porém podem ser facilmente usinadas com máquinas.

Imagem: Mesa de Quatro Pássaros, por Simon Mount

Produção
Além de ser bom para laminar e fazer compensados, e de aceitar muito bem coloração, outra característica notável da bétula-europeia é sua facilidade em trabalhos manuais ou com ferramentas elétricas.

Sustentabilidade
A bétula não consta em nenhum dos três apêndices da lista do CITES de espécies ameaçadas.

+	−
– Fácil de trabalhar	– Não é adequado para uso externo
– Dobra bem com vapor	– Pode parecer uma madeira "insípida", a menos que seja tingida
– Forte e relativamente leve	
– Sustentável	

Freixo *European Ash (Fraxinus excelsior)*

Há muitas histórias no folclore que falam de árvores, incluindo os contos em que elas são a chave da imortalidade ou, no caso do freixo, em que suscita o medo de cobras, devido ao som sibilante de suas folhas ao vento. Muito além desses contos antigos, o freixo tem sido usado ao longo da história em numerosas aplicações, do transporte até as armas de guerra. O freixo é bem conhecido como uma madeira dura, bastante rígida e flexível. De fato, é uma das madeiras mais rígidas encontradas na Europa.

São suas características de extraordinária flexibilidade e boa assimilação de choques mecânicos, tanto no estado natural como após o tratamento com vapor, que o destaca de outras madeiras. Essa combinação de qualidades resulta da dureza concentrada nos anéis de crescimento durante os meses de verão, conjugada com um crescimento de maior leveza durante a primavera. Isso proporciona algo que seria mais bem descrito como um processo natural de laminação.

O design de móveis Joseph Walsh adotou o freixo oliva, o cerne escuro da árvore, para elaborar uma série de peças denominadas "Enignum". Nessas peças, Joseph demonstra a força e flexibilidade da madeira, produzindo formas com curvaturas graciosas, torcidas e dobradas para gerar estruturas altamente evocativas. Ele utiliza um processo experimental para chegar às peças, o que o levou à descoberta de uma nova (e ainda em segredo) maneira de fabricação.

Imagem: Espreguiçadeira Enignum, de Joseph Walsh

Produção
O freixo pode ser trabalhado com máquinas sem provocar a perda do corte, e pode ser aplainado para dar um acabamento bastante suave. Sua flexibilidade, da mesma forma que a bétula, faia, carvalho, nogueira e o teixo, o torna ideal para moldagem com vapor.

Sustentabilidade
O freixo não aparece em nenhum dos três apêndices principais da lista do CITES sobre espécies ameaçadas; contudo, mortes associadas a doenças tem sido observadas em árvores do leste e norte da Europa, nos últimos anos.

+	**−**
– Muito duro e flexível	– Perecível e susceptível ao ataque de insetos
– Fácil de trabalhar	
– Dobra bem com vapor	– Baixa rigidez
– Suporta impactos	
– Sustentável	

Características
- Alta densidade: 680 kg/m^3
- Coloração que varia do branco lustroso ao creme pálido
- Flexibilidade excepcional e dureza
- Madeira de fibras retas
- Textura regular
- Dobra bem com vapor

Custo
Em comparação com outras madeiras, o freixo tem um preço moderado. Iguala-se ao carvalho em termos de custo.

Fontes
Europa Central e do Norte, região norte da África e oeste da Ásia.

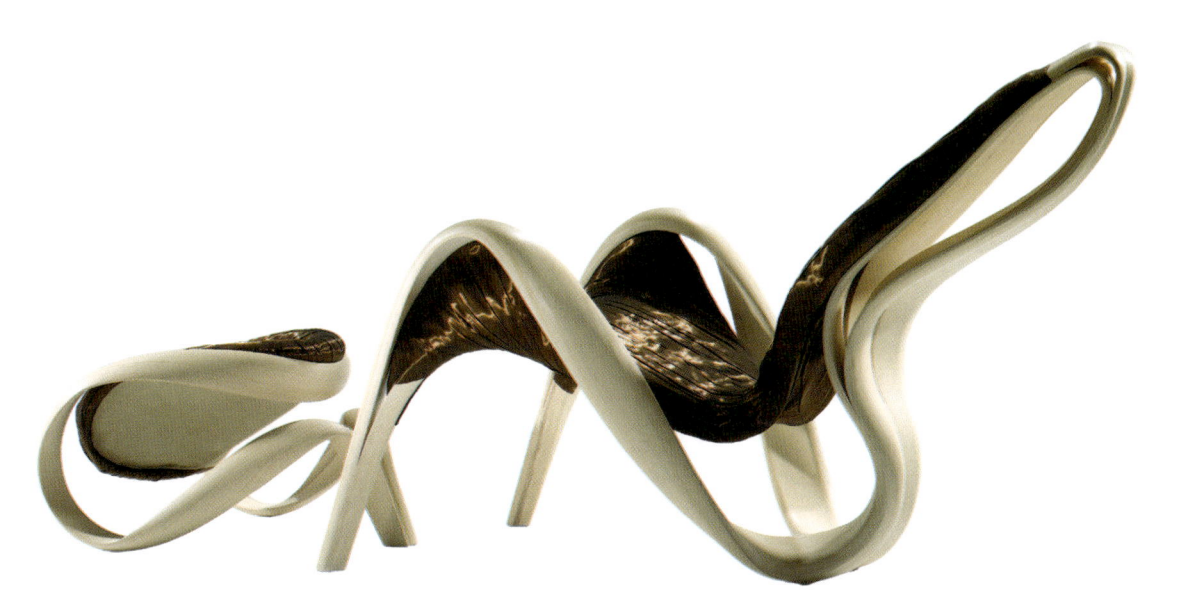

Aplicações típicas
A excelente capacidade de absorver impacto torna o freixo uma madeira adequada para a construção de vagões ferroviários, tacos de hóquei, bastões de beisebol, tacos de *snooker*, bastões de críquete, equipamentos de ginástica e ferramentas manuais como martelos e pás. Também é usado para fabricar barcos e remos, tendo outras aplicações em transporte, como nos antigos carros e aviões. Sua facilidade de dobra é bem aproveitada na fabricação de bengalas e cadeiras. Assim como o álamo-tremulante, ele também é usado em embalagens de alimento, por não deixar odores ou gosto.

Álamo-tremulante
Aspen
(Populus tremuloides)

O álamo-tremulante é uma madeira dura, de cor pálida, que cresce principalmente no norte da Europa, nos Estados Unidos e no Canadá. Uma de suas características é a baixa condutividade térmica, razão pela qual é ideal para bancadas e revestimentos de parede em saunas. É por isso que você não se queima quando encosta nas paredes de uma sauna. Esse atributo é também um dos motivos pelos quais é usado para fazer palitos de fósforo: ele queima muito lentamente. Mas na aplicação do álamo-tremulante que descrevemos aqui, é a resposta da superfície em relação às suas propriedades sensoriais e funcionais que importa.

A madeira têxtil é um projeto que expressa a sempre crescente e variada amplitude de adjetivos usados como atributos dos materiais – esta, em particular, invoca algo inigualável. Atribuindo ao material de sua invenção uma identidade, como a madeira têxtil, você acaba criando uma imagem evocativa na imaginação das pessoas e, quando elas se virem diante da amostra real, não ficarão desapontadas. Inspirado por um projeto escolar centrado na criação de ambientes sem ruídos, o inventor do acabamento de madeira têxtil, Tero Pelto-Uotila, tratou a madeira sólida do álamo-tremulante com jatos de vapor altamente pressurizado. Dessa forma, a textura foi elevada a um tal nível que, nas palavras de Tero, tornou-se bastante "felpuda". A textura macia, fibrosa, da madeira têxtil também contribui para outra propriedade importante: uma maior capacidade de absorver o som.

Imagem: Madeira têxtil, por Woodloop

Produção
A textura é produzida por um jato de água que deixa suas fibras eriçadas. O material pode ser cortado da mesma forma que um álamo comum.

Aplicações típicas
O álamo-tremulante é o material tradicional para fazer tamancos, chapeleiros, portas, bases de escovas, molduras, rolos têxteis, brinquedos, utensílios de cozinha, interiores de móveis, cestos, palitos de fósforo, fruteiras e caixas. Entre os usos especiais mais relevantes estão os revestimentos de saunas por causa da sua baixa condutividade térmica e os palitos orientais (ou *hashi*). Devido à leveza, ele entra na construção de equipamentos esportivos, como as tacos de hóquei. Além disso, por causa da ausência de cheiro, é muito usado em embalagens e recipientes de alimentos.

+	−
– Baixa condutividade térmica	– Pouco dobrável com vapor
– Leveza	– Pode empenar e ficar torcido
– Fácil de trabalhar	
– Adequado para uso externo	
– Sustentável	

Sustentabilidade

O álamo-tremulante é conhecido por se assentar e crescer em lugares que já foram atingidos pelo fogo. Ele suporta umidade, e envelhece lentamente sem necessitar de tratamentos químicos, razão pela qual é usado em mobiliário externo. Pode substituir madeiras tratadas sob pressão, como alternativa ecológica.

Características
- Baixa densidade: 417 kg/m^3
- Textura fina e cor pálida
- Uniforme, delicado, granulosidade regular
- Fácil de trabalhar
- Baixa condutividade térmica
- Baixa força de flexão
- Resistência natural à tintura
- Propensão a entortar e torcer

Custo

O álamo-tremulante é uma madeira relativamente barata. Interessante é o fato de ser mais macio que outros correlatos, como o pinho.

Fontes

Norte da Europa, Canadá e nordeste e centro dos Estados Unidos.

Salgueiro *Willow (Salix spp.)*

O salgueiro está para a Inglaterra assim como a teca está para a Ásia. Ambos evocam associações particulares: com o salgueiro, é o críquete; com o som do couro batendo na madeira creme. O salgueiro é uma árvore que se adapta magnificamente bem. É usado para fazer quase tudo, desde barreiras contra inundações até cestas de costura.

Sua madeira pode ser facilmente esculpida, e seu uso bem conhecido está na manufatura de bastões de críquete. O uso do salgueiro na fabricação de cestos tem algo de singular. O designer não apenas processa os materiais, convertendo-os em objetos, como também cuida de seu cultivo e colheita. O processo de fazer o vime começa com o material na sua forma natural. Lee Dalby, um dos profissionais em vime mais conhecidos do Reino Unido, relata que prefere o cultivo do salgueiro no inverno. É importante esse detalhe sazonal. Nessa época do ano, a seiva está junto ao chão e não nas fibras, o que torna a madeira muito mole. Os ramos são agrupados em feixes e deixados para secar, já prontos para serem trabalhados. Quando estão no ponto para fazer a trama, eles podem ser encharcados para ficarem maleáveis e facilmente trabalháveis.

A verdadeira definição do vime é "salgueiro trançado". Existem dois tipos principais de construção entre os antigos processos de fabricação de cestos: o cesto com armação é montado ao redor de uma estrutura feita de vários materiais, e o cesto suportado por tramas, no qual se parte da base até chegar ao topo. A árvore proporciona galhos e ramos, os quais crescem em comprimentos longos e contínuos. Isso torna o salgueiro um material ideal para entrelaçamento ou tramas.

Imagem: Bastão de críquete, de Gunn e Moore, feito com salgueiro

Produção
Sob a forma de vime, o salgueiro pode ser manuseado para se fazer qualquer coisa, desde cestos até arquiteturas. Surpreendentemente, porém, é pouco dobrável com vapor.

Sustentabilidade
O salgueiro tem crescimento rápido, e geralmente é plantado à beira de rios, onde reforça as margens, desempenhando um papel importante na conservação da natureza, evitando a erosão do solo. Na Holanda, também é usado para estabilizar as defesas contra o mar, por meio de diques feitos de mantas imensas de salgueiro trançado, mergulhadas na água.

+	−
– Fácil de trabalhar	– Pouco dobrável com vapor
– Resistente a impacto	
– Leve	
– Flexível	
– Sustentável	

Características
- Relativamente leve: 450 kg/m³
- Reto, bonito e de textura uniforme
- Fácil de trabalhar
- Resistente à quebra
- Resistente ao impacto
- Boa flexibilidade

Fontes
O salgueiro cresce principalmente na Europa, oeste da Ásia, norte da África e nos Estados Unidos. O cultivo do salgueiro para bastões de críquete é conduzido por plantadores especializados no Reino Unido.

Custo
O vime maciço tem um preço moderado, e as palhetas são de baixo custo.

Aplicações típicas
Além do bastão de críquete, lâminas e folheados, o salgueiro também é usado para fazer engradados, brinquedos, tamancos e assoalhos. Na forma laminada, é usado em compensados decorativos. Outro aspecto do salgueiro, como árvore, é o seu plantio na beira de rios, onde suas raízes ajudam a conter a erosão.

Buxinho *Boxwood (Buxus sempervirens)*

Alguns dos materiais neste livro foram selecionados porque me fascinavam; outros porque faziam parte do material de trabalho dos designers, ou porque sinalizavam novos cenários futuros, ou então simplesmente por me render ao casamento perfeito entre material e produto.

Os pentes são produtos que têm sido feitos com materiais que se tornaram referência através dos tempos. Entre eles, estão metais preciosos, como a prata, e o alumínio – desde que foram introduzidos comercialmente no final do século XIX –, bem como os exóticos cascos de tartaruga, e os plásticos de acetato de celulose usados como materiais alternativos. Além disso, temos os pentes de buxinho, que fazem parte da cultura japonesa.

Indo além do uso simbólico desses materiais em produtos de tão pequena escala, é fácil identificar escolhas boas e práticas de materiais para a produção de pentes. Um bom uso de materiais nessa aplicação pode considerar o toque suave e quente proporcionado, e sua flexibilidade, tal que não se quebra ao puxar os fios de cabelo. Como resultado, por ser um produto com detalhamento fino, quando o material empregado é inadequado, fica bastante fácil de se perceber. O buxinho, com sua granulosidade fina e tons alaranjados, é a madeira perfeita para o pente.

Imagem: Pente de boxwood

Produção
O buxinho nunca cresce além da altura de um arbusto, e as placas, geralmente pequenas, são inadequadas para mobiliário grande. É mais adequado para aplicações de menor escala, como o pente.

Sustentabilidade
Crescimento lento, contudo não está listado no CITES como espécie ameaçada.

+	−
– Ideal para escultura e trabalho com torno	– Adequada apenas para aplicações em pequena escala
– Adquire bom acabamento	– Crescimento lento
– Tem boa flexibilidade	

Fontes

O buxinho tem várias origens e denominações; seus locais de origem incluem o Irã e a Turquia.

Aplicações típicas

O peso e densidade das fibras e a facilidade de ser esculpido torna o buxinho adequado para produtos pequenos, como réguas, instrumentos de medida, porta-joias, peças de xadrez e instrumentos musicais.

Custo

A característica escultural e a beleza histórica dos pentes feitos com buxinho são atributos que o tornam uma madeira cara. O material em si é mais barato que outros usados para a mesma finalidade, como o casco de tartaruga ou marfim. Entretanto, entre outras madeiras, é uma opção cara, pela sua escassez crescente e crescimento lento.

Características
- Relativamente denso: 885 kg/m^3
- Textura leve, homogênea
- Ideal para esculpir
- Pode ser bem trabalhado com torno
- Permite um acabamento fino
- Boa flexibilidade

Balsa *Balsa (Ochroma pyramidale)*

A balsa, pela facilidade com que é talhada, tornou-se a madeira de escolha nas fábricas de brinquedo que agitam o coração de milhões de crianças. A madeira da balsa evoca muitas lembranças de materiais, com sua brancura empoeirada e toque superficial leve e quente, capaz de ser riscado com as unhas. É reconhecido como o melhor material para se trabalhar com ferramentas simples e tem uma informalidade e acessibilidade comparável às madeiras mais nobres, como o carvalho.

É fácil de esquecer que as propriedades físicas e aparência das madeiras são ditadas pelas condições climáticas das partes do mundo onde elas crescem. Essa riqueza de variabilidade de ambientes de crescimento confere uma singularidade à madeira, lembrando as qualidades que associamos ao vinho. Espécies como bambu e balsa resultam de climas quentes, com chuvas abundantes e boa drenagem, que deixam as árvores crescerem rapidamente. Esse crescimento rápido gera uma madeira leve, ou peso-pena, porém com taxa mais alta em termos de força/peso do que qualquer madeira. Entretanto, tecnicamente, não é a madeira mais leve do mundo, perdendo para duas ou três variedades, que não podem ser usadas para a mesma finalidade.

Atualmente, a madeira de balsa comercial vem do Equador, onde a geografia e o clima são favoráveis ao crescimento da árvore. A palavra balsa deriva da designação feita em espanhol para embarcação, refletindo sua excelente flutuabilidade, ou *buoyancy*, em inglês. No Equador, essa qualidade é expressa pela designação local da madeira como Boya, que lembra *buoy*.

Imagem: Nadadeira de prancha clássica para surfe, de balsa, da Riley

Produção
Como qualquer criança que já brincou com madeira de balsa sabe, ela é muito macia e pode ser facilmente talhada com estilete. Sua estrutura porosa implica boa absorção de tinta, até em demasia.

Sustentabilidade
A rápida velocidade de crescimento justifica a leveza dessa madeira. Ela pode crescer até 30 m em dez a quinze anos, e é tão leve que sua colheita e transporte ficam fáceis. Embora esteja desaparecendo gradualmente, a balsa começa a ser cultivada com bons resultados em plantações.

+	**−**
– Excelente quociente força/peso	– Pouco dobrável com vapor
– Flutuabilidade extrema	– Extremamente poroso, e tende a absorver muita tinta
– Fácil de trabalhar	
– Boa absorção de impacto	
– Sustentável	

Custo
A balsa é relativamente barata.

Aplicações típicas
Além de aviões de aeromodelismo, também é usado em barcos velozes, isolamento de som, calor e vibrações, flutuadores em salva-vidas e equipamentos aquáticos esportivos, placas em teatro, pranchas de surfe, e até nos esqueletos de aviões usados na Segunda Guerra Mundial.

Fontes
América Central e América do Sul, particularmente Equador.

Características
• Muito leve: 40 kg/m³
• Boa absorção de impacto e vibrações
• Pode ser colado e cortado facilmente
• Pouco dobrável com vapor
• Extremamente fácil de trabalhar

Nogueira-americana

Hickory
(Carya spp.)

Materiais que prometem melhor desempenho têm sido prolíferos em novos produtos, e o rótulo "alto desempenho" é algo que qualquer comprador de qualquer produto reconhece. Como uma classe ou família, as madeiras não parecem ser capazes de competir quando se descreve os materiais da mesma forma como é feito para as avançadas e aprimoradas fibras de carbono, ou para as cerâmicas de alta tecnologia como alumina. Contudo, em relação à sua espécie, a nogueira-americana é "a" madeira em termos de desempenho.

Ela não é tão forte ou confiável, como é o caso do carvalho, mas oferece "alto desempenho" nos esportes. Esse desempenho reflete sua habilidade de absorver impactos sem quebrar, e sua capacidade de transmitir naturalmente uma melhor funcionalidade ao usuário.

Do mesmo modo que muitos materiais modernos de alto desempenho que não fazem parte da família das madeiras, é de fato uma combinação de propriedades, em vez de uma textura ou tonalidade específica, que dá destaque à nogueira-americana de cor pálida. Sua consistência alinhada e homogênea proporciona uma capacidade de absorver impacto e energia, e habilidade de não lascar quando flexionada, além de grande resistência, que tem sido aproveitada em cabos de ferramentas, como os martelos.

Imagem: Baquetas feitas de nogueira-americana

Produção
A nogueira-americana pode ser difícil de trabalhar com ferramentas de corte, que precisam ser afiadas com frequência, pelo desgaste rápido provocado. Ela pode ser dobrada facilmente com vapor, mas é difícil de colar, embora aceite tinturas e acabamentos muito bem.

Sustentabilidade
A nogueira-americana não está listada no CITES como espécie ameaçada de extinção.

+	−
– Extremamente resistente ao impacto	– Difícil de trabalhar com ferramentas
– Forte e dura	
– Não lasca	
– Dobra bem com vapor	
– Sustentável	

Características
- Densidade alta ou moderada: 835 kg/m³
- Granulosidade alinhada com uma textura rústica
- Difícil de trabalhar
- Dobra bem com vapor
- Alta força para flexão
- Alta rigidez
- Resistência elevada a impacto

Custo
Mediano, comparável ao bordo macio.

Aplicações típicas
A nogueira-americana, assim como o freixo, frequentemente é usada nos cabos devido à elevada força para ser dobrada, superando seus concorrentes nesse quesito. Pode ser usada em bastões de basebol, tacos de hóquei, e tacos de *lacrosse* (tipo de jogo), cabos de martelos e machados, degraus de escadas e baquetas de instrumentos de percussão.

Fontes
A maior parte do suprimento de nogueira-americana vem do leste estadunidense e sudeste canadense.

Fibras de coco

*Coconut Fibres
(Cocos nucifera)*

Você já viu uma poltrona que tenha perdido alguma costura, com um enchimento fibroso, marrom, exposto? Se isso lhe parece familiar, você deve ter visto fibras emborrachadas ou de casca de coco.

O coco, assim como o bambu, está se tornando uma referência na onda dos materiais "verdes". Porém, ao contrário do bambu e outros materiais que saem do tronco da árvore, nesse caso é o fruto que está promovendo a área de maior inovação. É fácil ver por quê; se você abrir um coco fresco, verá quão bem protegida está essa semente, com várias camadas envolventes, desde a película dura até o revestimento adaptado para formar a casca, permitindo assim que ela atenue os danos quando o fruto cai da árvore. Este fruto versátil tem conferido ao coqueiro a reputação de ser uma das árvores mais produtivas do planeta. Dela se exploram os frutos e o tronco para produzir madeira, alimento e outros produtos (NT – sem esquecer a deliciosa água de coco!).

A casca dura do coco tem sido usada em aplicações que precisam de dureza e durabilidade; em alguns casos, tem sido usada para fazer pequenas telhas para coberturas que podem ser usadas em ambientes de clima severo. Talvez seja mais conhecida sua casca fibrosa, entrelaçada, com estrutura rústica, resistente e amortecedora, que após a secagem permite o uso em todas as formas de forração. De acordo com Enkev, um fornecedor de fibras, os produtos do coco também têm sido usados para fazer embalagens de ovos, perfumes e presentes de luxo.

Imagem: Embalagem Cocolok®, por Enkev

Produção
Para fazer melhor uso das fibras, elas devem ser lavadas, secas, enroladas por um processo de rotação e então tratadas com vapor. Podem ser processadas de diferentes maneiras, incluindo a costura com agulhas. Isso ajuda a manter as fibras juntas. Elas são muitas vezes combinadas com látex de borracha, para formar camadas com várias espessuras, que podem ser comprimidas para gerar formatos e estruturas 3D.

Sustentabilidade
Ao contrário de muitas árvores frutíferas, o coqueiro produz frutos com vários níveis de maturação, gerando cinquenta a cem unidades por ano.

+	**−**
– Boa ventilação e isolamento de som – Forte e resistente – Bastante sustentável e transformável em compostos	– As fibras de coco são inflamáveis e, por isso, devem ser tratadas com agentes retardantes de chama quando necessário

Custo

Como um produto agrícola de descarte da indústria de óleo de coco, o material não é difícil de achar. Pode ser usado como alternativa barata de materiais de construção, porém, dependendo da aplicação, o preço é variável.

Aplicações típicas

O biomimetismo inspirado no acolchoado de fibras presentes no coco tem sido aplicado em sapatos, colchões e estofamento. As fibras são frequentemente recobertas com látex natural, para proporcionar a elasticidade necessária para essas aplicações. Outros usos incluem embalagens, cordas e esponjas, depois de o coco ser processado para extração do alimento e do óleo. Também tem sido usado como fibra natural para reforço de concreto, isolamento, capachos e escovas. Seu inchamento em água tem sido aproveitado em barcos para preencher os espaços entre as placas.

Características
- Compatível com compostagem
- Bem ventilado, devido à sua estrutura aberta
- Isola bem o som
- É forte
- Resistente
- À prova de água, embora sofra inchamento quando encharcado.
- Relativamente duro e suporta tensão

Fontes

Índia e Sri Lanka são os maiores produtores e exportadores de coco no mundo.

Casca de árvore *Tree Bark*

A crosta de uma árvore é um lugar improvável para obter novos materiais, mas, à medida que ampliamos a busca para colher os ingredientes que a natureza oferece, descobrimos novas maneiras de usar o que existe, como a casca da árvore, no design contemporâneo. Essa alternativa, que é intrigante em relação aos tecidos têxteis tradicionais, tem uma textura e sensação crocante que fica entre o papel, o couro e um pedaço de linho. A chave para entender esse tipo de material está na produção, que é baseada nas múltiplas considerações que se faz na colheita de qualquer produto da natureza.

A casca usada no painel ilustrativo dos sapatos criados por Vimaga, da BarkTex®, foi colhida da parte interna da árvore mutaba, em fazendas com certificação ecológica da Uganda. É uma lã de ráfia, sem qualquer aditivo, constituída de pura celulose. Como seria esperado, cada peça é única, e colhida à mão por um processo semelhante ao descascamento de uma árvore de cortiça. Depois de cortada da árvore, ela é amaciada por fervura até a ebulição, e então socada com bastões de madeira para esticá-la e também amaciar a superfície. Depois disso, levará quase um ano para a árvore repor a sua casca. A BarkTex® produz um material com esse nome, e também o BarkCloth®, que é um tecido obtido após processamento adicional.

Imagem: Sapato de BarkCloth® por Vimaga

Produção
Os métodos de corte, fabricação e laminação são muitos e variados. O material deve ser considerado na produção da mesma forma que os outros têxteis.

Sustentabilidade
Sua manufatura dispensa o uso de agentes químicos, e segundo os produtores, é 100% orgânico. Eles também enfatizam que apenas sob certas condições de chuva, sol e tempo, o descascamento pode ocorrer.

+	−
– Versátil	– Relativamente caro
– Não rasga	- Disponível só
– Resiste à água	em fornecedores
– 100% orgânico	especializados
e sustentável	

Custo

O BarkCloth® custa aproximadamente US$ 31 por m², e uma peça de tecido mede 2 por 3 metros. Está disponível em uma variedade de espessuras, variando de 0,5 a 2 mm.

Características
- 100% orgânico
- Desperta interesse no consumidor
- Resiste ao rasgo contra a direção da fibra
- Cada peça é única
- Resistente à abrasão e à água

Aplicações típicas

As aplicações incluem a moda, como bolsas, sapatos, chapéus, cortinas e revestimentos de parede para decoração interna, e também mobílias e abajures. Em outro setor, também é usado para interiores e assento de carros, e está sendo experimentado em peças de produtos de consumo eletrônico.

Fontes

Este material, em particular, é produzido em fazendas certificadas na Uganda, e comercializado pela BarkTex®.

Crina de cavalo *Horsehair*

O pelo animal não é um material tão incomum para aplicações na indústria e para o consumidor como pode parecer; afinal, está entre os mais renováveis na natureza. Lembre-se também de que há muitos tipos e usos do pelo animal, como em escovas pós-barba, pincéis de pintura e, é claro, como a lã de carneiro para tecer. Além disso, também existem poltronas cujo enchimento – você já deve ter visto em modelos antigos com a costura aberta – revela a crina fibrosa marrom em seu interior.

Como existem cada vez mais empresas e bons motivos para buscar materiais naturais que sejam rapidamente renováveis, a exploração do cabelo ou do pelo animal deverá se aprofundar. O cabelo é frequentemente combinado com polímeros que atuam como coadjuvantes de preenchimento para reduzir a quantidade do material original. Esses materiais fibrosos têm uma capacidade limitada para serem convertidos em formas tridimensionais. O que me chama a atenção quanto ao uso do pelo animal em poltronas é que esse material elástico também pode ser encontrado embaixo do acolchoado da cama ou em um par de sapatos. Isso mostra que tem mais potencial do que um material semiestrutural, proporcionado pelas suas qualidades fibrosas, e elásticas bem ajustadas.

O pelo tem propriedades de ventilação natural, assim como capacidade de manter o corpo aquecido. A crina, em particular, é muito forte, e suas fibras longas, bem como a estrutura superficial, permitem que a umidade vá para longe do corpo.

Imagem: Material Hairlok®, por Enkev

Produção
O pelo animal passa por um processo semelhante ao da casca de coco (veja a página 50) para obter o uso máximo das fibras, começando com lavagem, secagem, enrolamento por um processo giratório, e terminando com aplicação de vapor. As fibras podem então ser processadas de diferentes formas, incluindo a costura, que ajuda a manter as fibras juntas. O pelo pode ser transformado com a utilização das técnicas tradicionais usadas para fabricar fibras, mas também pode ser misturado com resinas, incluindo o látex natural, para usar em almofadas. Nessas formas, encontra-se disponível como folhas para cortes, perfurações etc., ou como fibras soltas para serem moldadas por compressão em formas tridimensionais.

+	−
– Boa ventilação e isolamento de acústico	– Pouca resistência ao UV e aos produtos químicos
– Resiste à deterioração	
– Bastante sustentável e compatível com compostagem	

Características
- É compostável
- Ventila bem graças à sua estrutura aberta
- Bom isolante acústico
- Absorve impacto e vibrações
- Resiste à deterioração
- Antiestático
- Absorve som e micro-ondas
- Boas propriedades higroscópicas
- Antimicrobiano e respirável

Fontes
Como já mencionado, existem muitas formas pelas quais o pelo animal pode ser trabalhado e aplicado em produção industrial, incluindo o pincel de cabelo. Ele pode ser moldado em diferentes formas, mas também pode ser comprado como lâminas e blocos pré-formados, de onde as amostras podem ser cortadas.

Sustentabilidade
Sem dúvida, é um produto rapidamente renovável, e que se beneficia do corte feito com frequência.

Aplicações típicas
Estofamento e revestimento interno de solas de sapatos. Também é anunciado como material alternativo aos sintéticos usados para apoio de braços em cadeiras e assentos de carro. A Camper é uma das fabricantes de sapatos que tem explorado o material em palmilhas.

Custo
Preço moderado.

Celulose *Cellulose*

A celulose é um dos produtos da natureza que temos explorado ao máximo, conseguindo identificar, extrair e aplicá-la nos mais diferentes usos. A contrário de muitos materiais descritos neste livro, não é possível registrar um "instantâneo" das aplicações típicas da celulose; seus usos são excessivamente numerosos, desde os papéis artesanais coreanos às arquiteturas de Shigeru Ban.

Um dos principais constituintes estruturais da árvore, a celulose tem sido usada como ingrediente plástico para fazer bolas de pingue-pongue, óculos de sol, cabos de chaves de fenda, "antigos" filmes fotográficos, fibras e têxteis e, é claro, o papel, em todas as suas variedades e formas. Seu uso em tantas áreas é, em parte, devido ao fato de reagir facilmente com outras espécies químicas, como ácido acético e ácido nítrico, e poder ser dissolvido para formar acetatos, como o acetato de celulose, e nitratos, como o nitrato de celulose.

Uma das minhas histórias favoritas sobre o papel (um dos principais produtos derivados da celulose) vem do Sri Lanka, onde é usada como base do Elephant Poo Paper (NT: nome de uma fábrica de papel artesanal). Essa história encerra muito dos usos e fabricação da celulose, com ingredientes, recursos e cultura da região. O interessante dessa história é o uso do estrume de elefante para fazer papel. De fato, o sistema digestivo do elefante consegue quebrar as fibras, cumprindo de forma natural, o primeiro estágio do processo de fabricação de papel. A luminária *high-tech* de LED mostrada aqui é feita de folhas de papel da DuraPulp, intercaladas.

Imagem: Luzes, por Claesson Koivisto Rune e Södra

$+$	$-$
– Enorme variedade de usos – Grande disponibilidade	– Pode envolver muita energia e processos químicos perigosos no processo de fabricação (embora companhias como a Södra utilizem reagentes atóxicos)

Produção
Quando se geram fibras de celulose em formato de cartão de papel, o processo de produção pode envolver vários métodos. Um deles faz a compressão de camadas de papel impregnadas com PLA (ácido polilático), um material biodegradável feito de amido de milho ou cana de açúcar. O calor e a pressão combinados fundem o PLA e unem todas as folhas de papel para gerar um produto bastante resistente. A vida útil prevista para o material é de três a quatro anos de uso intenso, tornando-se biodegradável depois disso.

Sustentabilidade
Para fazer plástico da celulose, uma solução alcalina de fibras – geralmente de madeira ou algodão – conhecida como viscose é extrudada através de um orifício estreito e recolhida em um banho de ácido. A celulose é regenerada pelo ácido, formando um filme. Continuando o tratamento, com a lavagem e branqueamento, chega-se ao celofane. Existem várias maneiras de lidar com a madeira picada para obter a polpa para fazer papel. Um desses métodos é a fervura por diversas horas, a temperaturas de 130-180 °C, junto com um reagente químico. Na maioria dos casos é o uso dos tratamentos químicos que causa preocupações ambientais. O papel possui um dos maiores fluxos de reciclagem em comparação com outros materiais, mas muito do papel para reciclagem é enviado da Europa, por meio de navios, até a China. Além disso, o papel marrom necessita de branqueamento, o que é conseguido por meio da adição de óxido de magnésio e cloro. A manufatura de papel virgem e reciclado também utiliza grandes quantidades de água.

Aplicações típicas

Papel, polpa comprimida e manufatura de placas de circuito para uso na indústria eletrônica. O papel é um daqueles materiais que podem ser formados por um grande número de meios. Além do papel, os têxteis, incluindo o algodão e várias formas de plásticos, utilizam a celulose como material de enchimento para plásticos que requerem um acabamento fino, para vários usos em alimento, ou como espessante para tintas de látex e cosméticos. Ele também é a base das bolas de pingue-pongue de celuloide, que é uma mistura de nitrocelulose e cânfora. PLA é seguro para produtos alimentícios.

Fontes

A celulose está amplamente disponível.

Características (polpa de papel da Södra)

- Alta rigidez – uma boa alternativa para a madeira compensada
- Material de uso econômico
- O processo de manufatura de cartão ainda está para ser totalmente comercializado
- Sem reagentes tóxicos no processo

Derivados

Celulose como o Tencel® e o celofane Rayon® foi originalmente desenvolvida pela DuPont no início do século XX, mas agora a marca é da Innovia Films. Também é o principal tema do projeto Biocouture descrito neste livro (veja a página 60).

Custo

Relativamente barato.

Seda *Silk*
(do bicho-da-seda)

A seda é uma fibra natural que foi cultivada no distante Leste Asiático, há mais de 5 mil anos, dando origem a uma das primeiras companhias globais do mundo. De suas origens, no coração da "rota da seda", ela emergiu recentemente como um material renovável com bastante potencial além da indústria do vestuário. Contudo, para entender esse novo potencial da seda, que vai além das tradicionais associações com o glamour, é necessário compreender suas propriedades básicas. Começando como uma proteína menos glamourosa excretada da glândula do bicho-da-seda, que se alimenta das folhas da amoreira, a seda reúne alguns fatos e estatísticas incríveis. A primeira, e possivelmente a mais bem conhecida, é a sua força – é a mais forte das fibras naturais –, e a segunda, sua habilidade de refletir luz, que resulta de conformação prismática triangular.

Além dessas propriedades bem conhecidas, há numerosas descobertas que o professor Fiorenzo Omenetto está fazendo na Universidade de Tufts, em Massachusetts. Fiorenzo descreve a seda como um "novo velho material", e a está tratando pela engenharia reversa, levando de volta para o estado líquido, como ela fica na glândula do bicho-da-seda. Encontrou assim um espantoso mundo de oportunidades. Por outro lado, o material produzido pelo bicho-da-seda não é a única forma de seda sob o microscópio dos cientistas. A seda da aranha, que recentemente revelou ser um supercondutor de calor, e a seda da abelha estão emergindo como fantásticos novos materiais.

Imagem: Casulo de seda

Produção
Um único casulo encerra um quilômetro de fio de seda. Contudo, indo além das formas tradicionais de tecer as roupas, diferentes métodos de aproveitar a seda estão sendo explorados. O processamento depende da forma que a seda toma, que pode ser nanopartículas, esponjas, filmes, fibras ou blocos. Um número surpreendente de técnicas de fabricação estão sendo propostos, incluindo impressão 2D e 3D a jato de tinta, eletrofiação, litografia óptica, moldagem, micromanipulação com *lasers* e deposição rotativa (*spin coating*).

Sustentabilidade
A seda é tão verde quanto é possível. É biodegradável, biocompatível e de alto rendimento. O bicho-da-seda se protege construindo um casulo a partir de uma única fibra, com um quilômetro de extensão. Ele poderia ser verdadeiramente um novo material.

+	**−**
– Bastante forte	– Muitas das pesquisas
– Qualidades ópticas excelentes	sobre novos usos ainda estão em fase de desenvolvimento
– Biocompatível	
– Sustentável	

Características
- Alta relação força/peso
- Qualidades ópticas
- Sustentabilidade
- Biodegradável
- Biocompatível
- Baixa condutividade térmica
- Comestível

Fontes
A China estava no coração da rota da seda, e ainda continua sendo o maior produtor mundial de seda, seguida pela Índia.

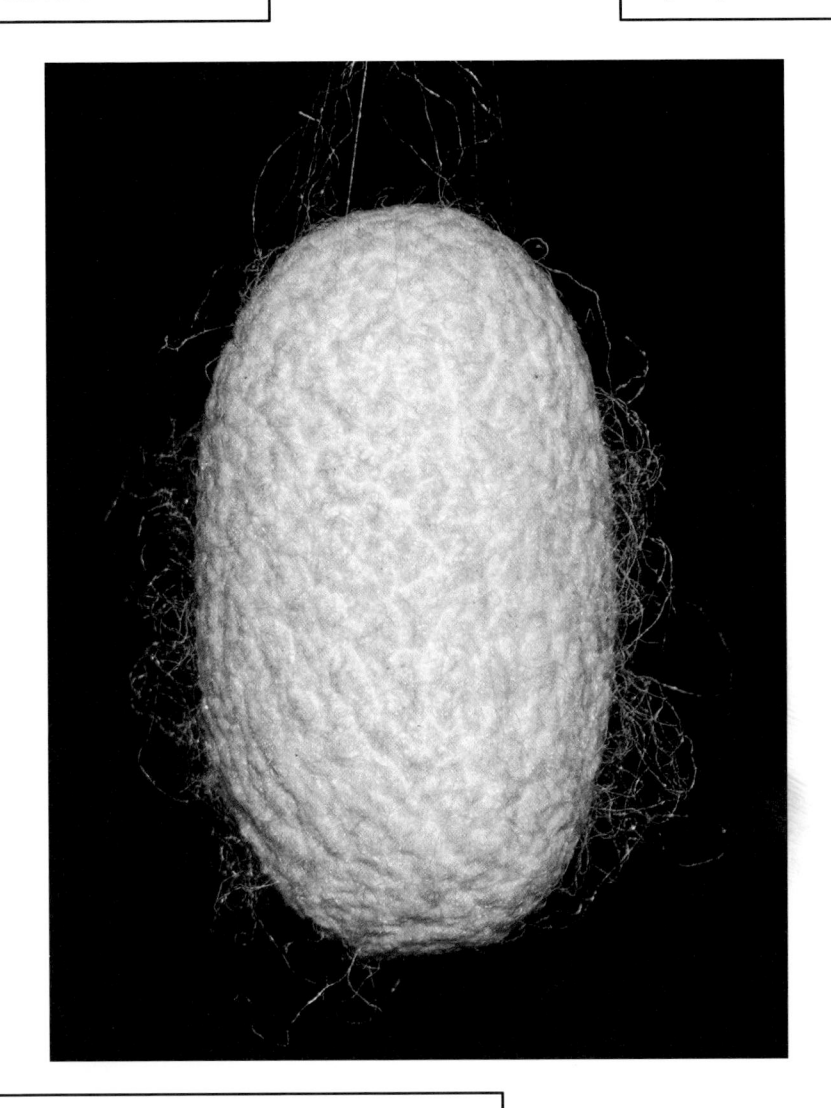

Aplicações típicas
Além dos usos óbvios dos tecidos de seda e da sua origem como têxteis exóticos da Ásia, Fiorenzo propôs o uso da seda em implantes no organismo, substituindo veias e artérias, ou como fibras ópticas implantáveis para coletar dados por meio de suas propriedades ópticas, bem como para gerar produtos compostáveis e plásticos sustentáveis.

Custo
As pesquisas de Fiorenzo ainda estão em fase de desenvolvimento.

Celulose bacteriana *Bacterial Cellulose*

Concordo que possa parecer estranho que esse título venha a constar novamente de um livro sobre materiais e design – afinal, a celulose já foi contemplada tantas vezes –, mas são muitas as razões para ele estar aqui. Primeiro, estamos mostrando um estudo de caso, e este em particular destaca uma forma completamente nova com que os designers estão trabalhando e observando a formação dos materiais com os quais os novos produtos serão gerados. Além disso, trata-se de um projeto conduzido por uma designer de moda, Suzanne Lee, que foi pioneira no uso da celulose bacteriana como base para o crescimento de têxteis. Finalmente, é uma descoberta e aplicação de um novo material que merece muita atenção.

A jaqueta mostrada aqui é feita puramente de fibras de celulose; porém, ao contrário do material extraído das plantas (veja as características da celulose na página 56), esta celulose foi produzida por bactérias crescidas em banheiras contendo folhas de chá de *kombucha*.

À medida que as bactérias digerem o açúcar do chá, elas deixam uma camada de celulose pura que, depois de duas ou três semanas – o intervalo de tempo irá determinar a espessura do material final –, resultará em uma película translúcida, que será colhida e retirada do banho, para ser moldada.

Contudo, não é apenas a história de um material que foi colhido da superfície de um líquido que é intrigante, mas também o fato de o projeto ser conduzido por uma designer de moda, em vez de um químico ou engenheiro. Para mim, Suzanne e sua equipe são "novos materiologistas", um termo que identifica um número crescente de pessoas criativas em indústrias que estão desenvolvendo novos materiais.

Imagem: Jaqueta BioCouture, de Suzanne Lee

Produção
Geralmente as outras formas de produção envolvem a extração de um material e sua conversão em fibras, grânulos, folhas etc., para depois serem transformadas por outros processos. Por isso, um dos aspectos importantes do projeto da BioCouture é que ele faz o crescimento e produção do material em uma única etapa.

Sustentabilidade
É notório que este é um material pautado na sustentabilidade. É uma alternativa para as culturas convencionais de plantas que estão sempre precisando de água, como o algodão. É compostável e pode ser até cultivado, usando o descarte doméstico como meio.

+	–
– Pode ser crescido e formado simultaneamente	– Ainda em desenvolvimento, portanto não disponível comercialmente
– Totalmente sustentável e não tóxico	– Ainda não é à prova de água

Aplicações típicas
Suzanne Lee: "Um dia será possível produzir celulose bacteriana com muita diversidade de formas, sensações e cores. No futuro, poderemos nos ver envoltos em celulose bacteriana – nas nossas roupas, livros e revistas, carros, prédios... As possibilidades são ilimitadas!"

Características
• Não tóxicas
• Compostáveis
• Espessura controlada
• Pode-se usar frutas e vegetais para colorir
• Antimicrobianos
• Não produz descartes
• Produção em única etapa
• Apelo ecológico bem-aceito pelo consumidor
• Ainda não é à prova d'água

Custo e fontes
A BioCouture ainda está em fase de desenvolvimento e o produto não está disponível comercialmente.

Couro bovino *Bovine Leather*

Sem dúvida, o couro é "o" material sensorial: ele tem um cheiro próprio, quente, com uma superfície que apresenta texturas individuais, e chega até a emitir um som quando é rasgado. Existem muitas variáveis a considerar quando se escolhe o couro para diferentes aplicações. Aspectos como origem, idade e cuidados dispensados ao animal são fatores importantes: por exemplo, os novilhos são menos propensos a ter uma pele prejudicada por mordidas ou arranhaduras. Por outro lado, é geralmente mais difícil de encontrar pedaços grandes e inteiros de couro com alta qualidade. Outras considerações incluem a habilidade do indivíduo de remover as marcas de origem do couro, bem como o método de preservação. Portanto, importam a capacidade e a técnica empregada pelo curtidor.

A especificação do couro também requer uma compreensão da qualidade, dos tipos de cortes e dos tipos de pele. Couro com textura superior, como o nome sugere, provém da camada externa, pois tem a melhor qualidade. A primeira camada, abaixo da camada superior tem menor qualidade; a segunda camada geralmente é descartada. O couro para crianças é feito da pele de cabras jovens, que, como você deve imaginar, é bastante macia, apresentando uma fina textura.

As banquetas de Willem de Ridder são feitas colocando-se um saco de couro sobre um molde, e depois levado à fervura. Com isso, o couro fica coeso e, enquanto ele esfria e endurece, o molde é retirado, deixando uma construção forte o bastante para poder ser usada como assento.

Imagem: Banqueta de couro, por Willem de Ridder

Produção

A produção do couro envolve três estágios principais: retirada e preparação da pele, curtimento com tanino e acabamento, também conhecido como *crusting*. Vários acabamentos podem ser aplicados para melhorar a consistência do couro. A adequação da textura pode ser feita com a aplicação de padrões artificiais para intensificá-la, como praticado pela indústria automobilística. Também há uma tendência no design contemporâneo de não tratar o couro com mais respeito, aplicando procedimentos brutais como fervura e estiramento, mas que permitem chegar a formas interessantes ou rigidez. A costura manual e a aplicação de brogues têm sido combinadas em processos de acabamento patenteados, mostrando como as técnicas tradicionais podem atuar no mundo reservado de artigos de couro feitos sob encomenda.

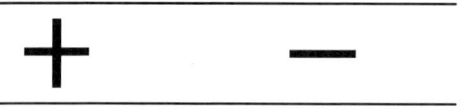

+	−
– Resistente – Repele a água – Grande variedade de acabamentos e uso	– Pode provocar impacto ambiental significativo

Custo
O custo varia bastante, dependendo do trabalho envolvido na produção, além do tipo e qualidade de couro e do tamanho da pele e suas imperfeições. Também existe a questão do desperdício devido ao estranho formato do boi. O trabalho com a pele gera muitos fragmentos sem utilidade.

Características
• Permite muitas associações
• Suas características se acentuam com a idade
• Repele a água
• Proporciona uma boa pegada (para a mão).

Aplicações típicas
É mais fácil falar que não existem aplicações típicas. Mas o couro está em tudo, desde bolsas a moldes coinjetados com plásticos em telefones celulares de luxo.

Sustentabilidade
O impacto ambiental do couro é enorme. Substâncias químicas perigosas são usadas no tratamento com tanino e também há o impacto da criação de gado e dos efluentes gerados na produção. A remoção de pelos é feita com a cal virgem, e a aplicação do tanino pode envolver o uso de substâncias tóxicas como o crômio. Em relação ao gado, o CITES regula o uso do couro para garantir que as espécies não corram risco de extinção, no caso de animais exóticos.

Fontes
Bastante disponível.

Couro de peixe *Fish Leather*

A primeira coisa a ser dita sobre o couro de peixe, é que ele não tem cheiro de peixe. O mundo da inovação dos materiais passa por muitas áreas, e uma delas se preocupa em buscar alternativas sustentáveis para os materiais existentes e outros que estão desaparecendo rapidamente. Isso tem impacto no consumismo, com materiais sustentáveis subindo na escala de valores, devido às expectativas do consumidor. Todos nós precisamos ser mais cuidadosos, mas o foco nos materiais ecológicos não está apenas sobre os bens de baixo custo, como as sacolas de plástico degradável ou os suprimentos de escritório feitos de papel reciclado. As novas demandas "eco chic" exigem que os bens maiores, como os mobiliários e os produtos da indústria automobilística, incorporem materiais gerados de forma ética e que sejam rapidamente renováveis.

Ser um material forte é uma das características que distinguem o couro de peixe. Isso é devido à sua estrutura de fibras cruzadas, diferente do couro bovino, no qual as fibras se alinham em uma mesma direção. Esse padrão natural de fibras cruzadas torna o couro de peixe mais forte que outros couros, quando comparados com a mesma espessura. De acordo com um fornecedor, três tiras de 1,75 cm de largura de couro de peixe entrelaçadas podem puxar um automóvel. O couro de peixe, em contraste com uma simples pele de peixe, distingue-se pela sua cura com reagentes químicos conhecidos como taninos, que são adicionados para ajudar a preservar e dar maior resistência à decomposição. A aplicação de tanino é baseada em um processo de múltiplas etapas, sendo a primeira a remoção do óleo de peixe e, consequentemente, do cheiro. Esse processo também fortalece o couro.

Imagem: Capa de iPhone, por Londine

Produção
Assim como a produção do couro bovino, o processo envolve três etapas: retirada e preparação da pele, aplicação de tanino e acabamento.
O couro de peixe pode ser processado da mesma maneira que o couro bovino.

Sustentabilidade
Da mesma forma que o couro bovino, o CITES controla o uso de outros couros, para assegurar que as espécies não corram risco de extinção como resultado dos negócios envolvendo o couro de animais exóticos. Assim, o couro de peixe deve ser fornecido por fontes certificadas, e a espécie animal não pode estar ameaçada. De acordo com os produtores, nenhum dos peixes usados para a obtenção do couro está na lista de espécies ameaçadas. Eles podem ser encontrados nas peixarias.

Custo
Moderado.

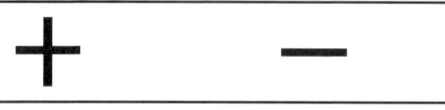

+	−
– Repele a água	– Forte e difícil de rasgar
– Forte e difícil de rasgar	– Assim com o couro bovino, o tratamento
– Facilmente processado	com tanino utiliza
–Utiliza um subproduto da indústria pesqueira	reagentes químicos que podem ser nocivos

Características
- Alta força de tensão, em termos comparativos
- Alta resistência a rasgos, em termos comparativos
- Repele a água
- Proporciona uma boa pegada (com as mãos)
- Considerado eco chic
- Respirável (permeável ao ar)
- Características acentuadas com a idade
- Impressiona favoravelmente o consumidor

Fontes
Os peixes existem em qualquer parte do planeta, tanto na água doce como na salgada.

Derivados
Plástico de peixe.

Aplicações típicas
Semelhantes às do couro bovino, de sapatos até mobiliários.

Escamas de peixe *Fish Scales*

Erik de Laurens está na categoria dos que chamei de "novos materialogistas". Como a designer de moda Suzanne Lee com seu projeto de BioCouture, ele utiliza os fundamentos do design e questiona a impressão de que o desenvolvimento de materiais e a inovação devem vir somente da comunidade científica. Insatisfeito com o uso de óleos, ossos, carne e pele, Erik extraiu ainda mais valores do peixe, usando as escamas para criar um novo material, moldável.

Sua obra, *Fish Feast*, foi concebida enquanto Erik estudava no Royal College of Art, com o objetivo de explorar alternativas para a globalização e a dependência que temos em relação ao petróleo e, portanto, os plásticos.

Em sua Normandia nativa, Erik descobriu uma companhia produtora de couro de pele de peixe, como coproduto da indústria pesqueira local. No processamento do couro, as escamas do peixe são removidas, e isso inspirou Erik a explorar esse subproduto de um coproduto como uma oportunidade de design.

Utilizando 100% de escamas de peixe, o *Fish Feast* foi feito com dois exemplares médios de salmão, ou 60 gramas de escamas secas, para formar um recipiente, como ilustrado aqui. Sua estrutura natural é surpreendentemente forte e fácil de corar, aceitando uma variedade de cores. A próxima meta de Erik é desenvolver outros produtos e oportunidades que possam contribuir para o sustento das comunidades locais de pescadores.

Imagem: O copo Fish Feast criado por Erik De Laurens

Produção
Moldagem por compressão. Embora as escamas variem muito de tamanho, forma e cor, qualquer tipo pode ser usado desde que elas sejam maiores que 5 mm em diâmetro.

Sustentabilidade
Este projeto vai além das credenciais verdes dos materiais desse tipo, por ser 100% feito de escamas de peixe, que representam um subproduto de segunda geração na cadeia de descartes.

+	**−**
– Forte	– Ainda não disponível comercialmente
– Fácil de colorir	
– Acabamento atraente	
– Sustentável	

Aplicações típicas
Além do copo, Erik tem explorado outros recipientes, com propostas de itens não duráveis e descartáveis, para uso em piqueniques, onde podem ser deixados no local para se decompor depois do uso.

Características
- Material forte
- Parece plástico
- Não tem cheiro nem textura de peixe
- Solúvel em água
- Pode ser facilmente colorido
- Efeito visual de mármore
- Desperta interesse no consumidor
- Compostável

Custo e fontes
Atualmente o material não está disponível comercialmente.

Proteína *Protein*

Estima-se que uma única companhia na América do Norte abata diariamente 6 milhões de frangos para suprir a indústria de alimento. Isso chama a atenção para a escala do consumo em massa e para o rejeito que essa indústria gera. À medida que buscamos alternativas sustentáveis aos produtos petroquímicos para produzir o que normalmente conhecemos como plásticos, precisamos olhar para os descartes que vêm da indústria como uma fonte potencial desses materiais. Atualmente, existem quatro grupos de bioplásticos: derivados do amido, do óleo vegetal, da fermentação de monômeros e da proteína.

A organização conhecida como CSIRO (Commonwealth Scientific and Industrial Research Organization), no estado de Victoria, na Austrália, está explorando como converter as penas da galinha, que formam imensas quantidade de descarte, em plástico. O principal ingrediente que os pesquisadores estão extraindo é a proteína, a partir da qual serão criados os plásticos. Esse não é um conceito novo: alguns dos primeiros plásticos eram derivados de uma proteína do leite, denominada caseína, ou então do sangue no abate do boi.

A proteína encontrada nas penas é chamada de queratina, a mesma que proporciona força aos cabelos e unhas. No processo, a pena é reduzida a pequenos pedaços e, depois, aplica-se calor para quebrar as proteínas. Estas são reagrupadas por um processo de polimerização, formando cadeias longas e estruturas rígidas.

Imagem: Penas de galinha

Produção
Os primeiros testes tem mostrado que a moldagem à vácuo, extrusão, moldagem a injeção e por sopro, são métodos em potencial capazes de dar forma a esse material.

Sustentabilidade
As proteínas animais estão sujeitas a regulamentações rígidas. Os produtores de carne enfrentaram um choque quando subprodutos como sangue e ossos passaram a ser controlados depois que a BSE (NT: encefalite espongiforme bovina) foi descoberta no Canadá. Instalou-se o receio de que o material pudesse conter esses príons mortais, que são proteínas infecciosas responsáveis pela doença da vaca louca.

+	−
– Alternativa em potencial para plásticos derivados da petroquímica – Biodegradável – Utiliza descarte da indústria de alimento	– Quebradiço – Ainda não disponível comercialmente

Aplicações típicas
Os plásticos gerados a partir da pena podem ser usados em todos os tipos de produtos, de copos plásticos a placas de mobiliário. Além de usar as penas, que, de outra forma, acabariam em aterros sanitários, é um material altamente biodegradável.

Características
- Alternativa para os plásticos petroquímicos
- Transparente
- Quebradiço
- Biodegradável

Custo/Fontes
O material ainda está em desenvolvimento e não está disponível no mercado.

Algas *Algae*

A visão do futuro dos materiais percebida pelos cientistas nos anos 1950 – uma época de otimismo tecnológico – era sempre centrada na alta tecnologia. Tenho certeza de que poucos ou ninguém considerou que um futuro material poderia ser algo tão tolo quanto um simples organismo como a alga. Contudo, no futuro poderemos encontrar fazendas costeiras de algas para extrair o óleo dessa planta, a partir da qual uma nova geração de plásticos poderá ser produzida.

Durante muitos anos, o designer francês François Azambourg realizou experimentos visionários no mundo do design. Ele partiu para a exploração de métodos alternativos de construção de móveis até chegar a uma nova solução para materiais de embalagem, baseada no uso da alga, desenvolvida juntamente com o professor Donald Ingber, da Universidade de Harvard. A alga é um dos novos materiais *in natura* que estão sendo vistos como alternativas para os plásticos derivados do petróleo. Em termos simples, a alga é uma erva marinha, mas esse simples organismo, bastante abundante, tem uma incrível diversidade de formas, distribuindo-se em centenas de milhares de espécies.

As algas representam um tipo crucial de planta, pois contribuem com uma grande quantidade de oxigênio para o planeta, além de serem grandes consumidoras de dióxido de carbono. Ao lado de sua versatilidade e habilidade de crescer em muitos ambientes, uma das razões para se pensar nas algas como alternativas para os plásticos e combustíveis tradicionais é que elas têm uma velocidade de crescimento incrivelmente rápida.

Imagem: Garrafa de François Azambourg

Produção
Detalhes ainda não disponíveis.

Sustentabilidade
Ao contrário dos plásticos baseados em plantas, como os derivados do amido de milho, os plásticos de alga não irão afetar a oferta de alimento. O fitoplâncton, que é uma das algas mais básicas, tem declinado substancialmente nos oceanos desde o século passado.

+	−
– Alternativa em potencial para os combustíveis e plásticos derivados do petróleo – Biodegradável – Sustentável	– Ainda em desenvolvimento e, portanto, não disponível comercialmente

Fontes
Como já foi explicado, a questão principal em relação às algas não é a disponibilidade, visto que é uma planta que se renova rapidamente e é abundante no planeta. É geralmente encontrada em águas frescas do mar, em lugares rasos, e até em água de descarte. Porém, o que preocupa de fato é que ela pode acabar, não por causa da exploração excessiva, como acontece com muitos materiais, mas como resultado talvez de seu próprio esgotamento natural.

Custo/Fontes
Ainda em estágio de desenvolvimento.

Características
O processo de polimerização partindo da exploração da alga ainda está em fase exploratória, e os dados relativos às propriedades dos plásticos produzidos ainda não estão disponíveis.

Aplicações típicas
Além das potenciais aplicações como biocombustível substituto de derivados do petróleo, a aplicação mais comum da alga é o seu uso como alimento. Nessa aplicação ela é encontrada em diversas formas dependendo da cultura que a utiliza, como o nori, no Japão, ou o consumo como salada em diversas partes da Europa. A alga também tem muitas outras aplicações, que incluem seu uso como pigmentos em corantes naturais, e o tratamento do esgoto, substituindo agentes químicos potencialmente danosos. Ela também tem sido usada como fertilizante.

Cortiça *Cork*

Quando os escritores de ficção científica nos anos 1960 imaginaram como seria o futuro, eles provavelmente não apostavam na cortiça, que é extraída de casca de árvore e tem sido usada por milhares de anos, ocupando ainda uma posição importante como material de alta tecnologia na primeira parte do século XXI. É incrível que esta casca de árvore tenha sido usada em ônibus espaciais, devido às suas propriedades de isolamento térmico; ela protege os tanques de combustível na reentrada da atmosfera terrestre, por causa dos 40 milhões de bolhas de ar contidas no espaço de 1 cm de cortiça.

Na nossa investigação intensiva com engenhosidade para formar novos materiais, estamos sempre tentados a imitar a natureza. A cortiça é um dos muitos recursos naturais rapidamente renováveis que se tornaram importantes no mundo dos novos materiais. Ela também é um material que, dependendo do uso, tem muitas associações. Por exemplo, os produtos de cortiça podem recordar os jardins de festa e os bazares de Natal; os festivais da comunidade frequentemente utilizam esteiras e quadros para alfinetes, além de outros produtos tradicionais de cortiça. Mas, se examinarmos a cortiça sem suas associações tradicionais, a veremos como de fato ela é: um material renovável, natural, muito leve e impermeável à água. Um material que parece uma esponja densa e natural, quente, mastigável. É um dos poucos materiais que tem um coeficiente de Poisson zero, o que, em outros termos, significa que não se estreita quando esticada, ao contrário da maioria dos materiais elásticos.

Imagem: Móvel de cortiça de Jasper Morrison, para Vitra

Produção
Em termos de produção, a cortiça pode ser trabalhada com máquina, esculpida, torneada e cortada, com o uso das mesmas técnicas de trabalho manual, e pode ser conformada por meio de um processo semelhante à moldagem de plástico, por compressão. Pode ser convertida em folha, em peça de tecido, e até combinada com flocos de diferentes tipos de cortiça para fazer um compósito decorativo.

Sustentabilidade
As árvores de cortiça absorvem até cinco vezes mais CO_2 do que as outras árvores, enquanto reproduzem uma nova casca, pronta para colheita a cada nove anos. Cada árvore madura de cortiça produz material suficiente para fazer 4 mil rolhas de garrafa. A colheita da cortiça sempre acontece no verão, quando a casca se expande e solta do tronco interno da árvore.

+	−
– Versátil	– Sujeita a flutuações de preço
– Bom quociente força/peso	
– Resistente à água	
– Biodegradável	

Aplicações típicas
A indústria portuguesa de cortiça está sofrendo com a substituição das rolhas nas garrafas de vinho por tampas com rosca e, por isso, outras áreas de aplicação estão sendo procuradas. Além das peças de conjuntos americanos de cortiça, e modelos artesanais, o material também é usado em quadros de alvos de dardos, revestimento de calçado, placas antivibratórias, empunhaduras de artigos esportivos, como varas de pesca, boias e, é claro, em mobílias. Uma das maiores áreas de aplicação está nas fábricas de rolha, que oferecem uma ampla variedade de cores, efeitos e acabamentos, usados em acessórios de moda, como bolsas, e até como material de forração. Sempre foi usado no carimbo de postagem em Portugal. Uma das qualidades interessantes dos pés de cortiça é sua habilidade de suportar o fogo; como resultado, eles são plantados para proporcionar barreiras antichamas em incêndios.

Características
- Coeficiente de Poisson zero
- Renovável
- Biodegradável
- Elástico
- Amortece vibrações
- Amortece impacto
- Impermeável a líquidos
- Impermeável a gases
- Bom isolamento térmico

Fontes
Portugal é um dos maiores exportadores mundiais de cortiça, e responde por 60% da produção mundial, com 300 mil toneladas por ano. Espanha, Argélia e Marrocos também são grandes produtores.

Bambu *Bamboo (Bambusoideae)*

O bambu tem atraído tanta atenção nos últimos anos que poderia ser sugerido como "o" material do século XXI. Ele já é um marco de sustentabilidade. É um material tão propalado pelo movimento "verde" que nos leva a crer que tudo o que é feito de bambu parece ser ecologicamente correto.

O bambu é o material mais leve na natureza, como resultado de ser a planta que cresce mais rapidamente no mundo. Algumas espécies chegam a crescer 1 metro por dia. É um material que, no clima certo, você pode plantar praticamente na escada da sua porta (potencialmente diminuindo o custo do transporte), pode ser usado para construção de casas após cinco anos do plantio, e que volta a crescer novamente após o corte.

Com sua excelente relação de força e peso, o bambu pode ser fracionado em tiras, que podem ser entrelaçadas para gerar cestos e móveis. Tudo isso, somado às propriedades estruturais, nutricionais e medicinais, torna-o um material ideal, especialmente se você estiver perdido em uma ilha deserta.

O bambu tem sido usado em países tropicais e subtropicais por séculos, e as habilidades de colheita e construção vêm sendo preservadas ao longo dos anos. Compreendendo 75 espécies, o bambu é outro exemplo de material que, se o homem o tivesse inventado, teria a conotação de material-maravilha, no mesmo nível do Teflon e do Velcro. No design e na arquitetura contemporânea, as qualidades únicas deste material natural proporcionam uma fonte de rica inspiração, que vem estimulando constantemente novos usos.

Imagem: Mesa de Bambu, por Henry Tjearby, da Artek

+	−
– Baixo custo	– Não é um aspecto
– Leve e forte	negativo, mas deve-se
– Extremamente elástico	assegurar que tenha sido
– Usos multivariados	plantado e processado de
– Rapidamente renovável	forma responsável

Produção

Os muitos usos do bambu resultam da possibilidade de suas fibras serem separadas em tiras. Além das estruturas de varetas, as fibras também são usadas para fazer têxteis. Em termos da árvore e madeira, as propriedades exatas de um pedaço de bambu dependerão de onde o material foi cortado em relação ao anel de crescimento.

Sustentabilidade

O bambu é um material natural e, como fonte, ele é autorregenerável. Em contraste com a colheita da madeira das árvores, que leva a um desflorestamento e reflorestamento intenso, o bambu volta a crescer assim que o corte termina. A relação custo/benefício supera em duas vezes e meia a madeira tradicional, sendo cinquenta vezes mais barato que o aço. Gunter Pauli, autor e empreendedor na área da sustentabilidade, afirma que o bambu cultivado em 500 m² de terra pode proporcionar madeira suficiente para se construir uma casa a cada ano.

Custo
Relativamente
barato.

Características
- Densidade: 300-400 kg/m^3
- Rapidamente renovável
- Excelente desempenho força/peso
- Processamento com baixa energia
- Processamento versátil
- Boa flexibilidade

Fontes
A maior parte da
colheita do bambu
acontece na região
tropical sul e
sudeste da Ásia.

Aplicações típicas
O uso do bambu como material está crescendo quase
tão rapidamente quanto a própria planta. Existe uma
enorme variedade de usos: instrumentos musicais, abrigos,
arquitetura, assoalho, plataformas, tetos, medicina, celulose,
papel, pontes, cestos, móveis, compensados e protetores
de vento na agricultura. Em Hong Kong, é usado como
plataforma de prédios de até setenta andares, devido ao fato
de ser mais flexível que o aço e de flexionar quando sob forte
ventania. Na passagem dos tufões na Ásia, as plataformas de
aço geralmente colapsam, enquanto o bambu permanece de
pé. Suas fibras podem ser trabalhadas para fazer têxteis.

Junco *Rattan*
(Calamus rotang)

O junco evoca climas tropicais e móveis externos, feitos à mão. Existem mais de seiscentas espécies de junco, uma planta caracterizada por talos finos, longos e flexíveis. O junco é a planta de talos mais longos no mundo, alcançando vários metros. São o comprimento e força desses talos que exploramos, entrelaçando o junco para as mais diferentes aplicações, sendo a mais notável no mobiliário doméstico.

O vime é derivado da palma da planta *Calamus rotang*, que tem crescimento rápido. Os talos precisam ter as peles removidas, que depois poderão ser aproveitadas para tecer. Depois eles são deixados ao sol para cura e, dependendo da espécie e espessura do vime, ainda passam por outras etapas antes de ficarem prontas para compor os móveis. A resistência inerente, flexibilidade, força, leveza e durabilidade do junco podem ser apreciadas em seu uso prolífico nos móveis e cestos.

Estima-se que ao redor de 600 mil toneladas de junco sejam exportadas por ano provenientes só da Indonésia, o que corresponde a 80% do mercado mundial. Contudo, devido à sua importância na economia, por ser uma *commodity* local, tem gerado um debate político com o governo da Indonésia, que proibiu a exportação de junco não processado desde o início de 2012. Tentou-se dessa forma – porém, sem sucesso – alavancar a indústria manufatureira doméstica.

Imagem: Cesto de junco e plástico por Cordula Kehrer

Produção
Devido à flexibilidade das longas fibras, a forma mais usual de processar o junco é a costura. Pode-se fazer um tecido de junco com a pele que foi removida do talo. A parte interna remanescente pode ser usada na fabricação de móveis. As várias espécies de junco têm um diâmetro típico de talo de 2 a 40 mm. Os de maior diâmetro aceitam bom acabamento, e são geralmente pintados para produzir uma superfície lisa.

Sustentabilidade
O corte excessivo do junco diminui ou interrompe o processo de regeneração. Apesar de ser lembrado com frequência como um material "verde", muitas espécies de junco estão em perigo pela exploração exagerada – e isso afeta a vida selvagem. Como resultado, estão sendo planejadas plantações para reverter a queda de 26% no comércio global entre 2006 e 2008, devido à diminuição dos recursos naturais.

+	**−**
– Duro e forte	– Algumas espécies correm
– Extremamente flexível	risco, devido à exploração
– Boa resistência ao desdobramento	excessiva

Cânhamo *Hemp*

É interessante observar como os diferentes fabricantes de carro abordam a questão da sustentabilidade. Na Alemanha, por exemplo, a BMW colocou o seu foco em materiais de alta tecnologia para reduzir o peso, enquanto a Mercedes buscou o uso de fibras de plantas para variadas aplicações, incluindo os estofamentos internos. Na maioria das vezes, esses materiais são usados em compósitos e embutidos em aplicações surpreendentes, nem sempre visíveis aos consumidores. Por exemplo, quando você entra em uma Mercedes, não consegue notar a existência de fibras naturais em nenhum lugar; de fato você não vê as fibras de cânhamo ou de coco no almofadado das portas. O ambiente luxuoso é dominado pela superfície brilhante e suntuosa do couro. Contudo, o uso das fibras de plantas em compósitos – como as fibras da cenoura (veja a página 82) – é certamente uma grande tendência. Esse mercado continuará a crescer, e é onde a indústria automotiva deverá investir. Ainda veremos como a estética luxuosa dos carros mais avançados irá assimilar esse componente, originalmente de aparência crocante.

O cânhamo é a área de maior desenvolvimento na indústria de fibras de plantas, devido à sua força, abundância e ao fato de que, como planta, ele ajuda a combater a poluição. Contudo, a ideia de usar em carros fibras provenientes de plantas como o cânhamo não é coisa nova. Henry Ford fez experiências com compósitos de cânhamo em painéis de carro, já no início do século XX, como parte de uma estratégia de relações públicas. O evento ficou famoso, mostrando Henry Ford, em filme fotográfico, agitando o martelo na frente de um de seus carros, para mostrar a força desse material. (NT: o cânhamo é uma planta da mesma família da maconha, *cannabis*, e por isso têm aparência idêntica; porém, o teor da substância química ativa, a tetra-hidrocarabinol, é muito baixo).

Imagem: Cadeira Aisslinger

– Boa relação força/peso
– Durável
– Alta condutividade térmica
– Sustentável

– Tem uma textura rústica peculiar

Produção
As fibras de cânhamo são separadas do talo interno, que é duro, por um processo denominado *retting* ou maceração, que encharca e amolece as fibras, facilitando a sua remoção. As fibras produzidas são mais longas que as do linho, e também mais grossas. As várias formas de aplicação do cânhamo em produtos industriais refletem seu uso bastante difundido.

Sustentabilidade
O cânhamo tem muitas vantagens em termos ambientais. Ele é versátil, adaptando-se à região onde é cultivado. Também é um bom sequestrante de gás carbônico atmosférico, beneficiando o planeta. Estima-se que cada tonelada de talos de cânhamo processada na indústria encerre 0,445 toneladas de gás carbônico retirado da atmosfera.

Custo
O cânhamo é relativamente barato, mas o preço varia dependendo de onde é empregado e da indústria envolvida.

Derivados
Prancha conhecida como Kirei Canamo.

Aplicações típicas
O cânhamo é usado em tecidos rústicos ou, combinado com outras fibras, como linho e algodão para roupas. O comprimento e força das fibras também é aproveitado na construção de pranchas, cordas e fibras compostas. Chegou a ser tão estratégico que, em certa ocasião, foi solicitado aos cidadãos estadunidenses que cultivassem pés de cânhamo para suprir a necessidade de cordas e lonas. As fibras pequenas também podem ser combinadas com plásticos, para criar o que às vezes é conhecido como "madeiras plásticas". Devido à sua alta condutividade térmica, também é usado em vestuário.

Características
- Relativamente leve
- Alta relação força/peso
- Fibras longas, ocas
- Mais forte e durável que o algodão
- Fibras grossas
- Alta resistência a bactérias
- Alta condutividade térmica
- Biodegradável
- Propriedades antimicrobianas
- Desperta interesse no consumidor

Fontes
A maior parte da produção do cânhamo vem da China, embora também cresça em outros países.

Palha de trigo *Wheat Straw*

A indústria da madeira está cheia de exemplos de materiais de descarte sendo reutilizados para formar novos compósitos para aplicações em construções e nos interiores. Materiais como o MDF (NT: *medium density fiberboard*), *particle board* e OS board (*orientated-strand board*) são feitos de subprodutos de várias formas de produção de madeira. Existem ainda materiais como Paralam® e Glulam®, que combinam resinas com pequenos filamentos de madeira para criar vigas fortes, rígidas e dimensionalmente estáveis para uso em construção. Contudo, embora esses materiais reutilizem descartes, um problema enfrentado é o uso na resina do formaldeído, considerado nocivo.

Uma companhia em particular foi um pouco além, proporcionando um produto verdadeiramente verde, com o rótulo de material alternativo, rapidamente sustentável que usa colas menos nocivas, para desenvolver uma variedade de materiais laminados. O processo não utiliza árvores, pois usa um material baseado na agricultura e ambientalmente correto, que é a palha de trigo e a casca de girassol, combinado com uma resina livre de formaldeído. A companhia, Kirei, estabelecida nos Estados Unidos, produz painéis de materiais de construção ambientalmente neutros, como materiais alternativos com vantagens sobre os tradicionais. Entre seus produtos estão a Kirei Board™ e a Wheatboard™, que usam uma combinação de palha de trigo e sorgo. O significado desse produto misto para painéis é que ele demonstra o foco crescente na indústria agrícola, para substituir não apenas a madeira mas também os polímeros na linha de produção.

Imagem: Wheatboard™ da Kirei

Produção
Pode ser trabalhado com máquinas como os materiais convencionais, porém com menor desgaste. Aceita bom acabamento, e está disponível em vários tamanhos e espessura de placas.

Sustentabilidade
Os fabricantes de Wheatboard™ afirmam que usam a parte descartada do trigo, que seria destinada aos aterros, depois de a parte comestível da planta ter sido coletada. Eles também não utilizam ureia-formaldeído, nem liberam compostos orgânicos voláteis – VOCs – na atmosfera.

Fontes
Disponibilizado pela Kirei nos Estados Unidos.

+	−
– Leve e duro	– Pouco atraente, sendo
– Fácil de trabalhar	adequado apenas para uso
– Resistente à umidade	em painéis internos
– Livre de compostos orgânicos voláteis	

Fibras de cenoura *Carrot Fibres*

Os compósitos são muitas vezes tomados como materiais avançados, visto que muitos foram desenvolvidos para aplicações aeroespaciais, militares e em corridas. Essa associação é baseada, em parte, na aparência distinta dos compósitos, com seus padrões típicos, como a fibra de carbono, que se tornou parte da moderna família de materiais de luxo. Mas será que um compósito feito de fibras de cenoura também pode ser considerado um material avançado?

Cada vez mais as plantas estão se tornando valiosas fontes de inovação dos materiais: amido do milho e casca de batata, fibras de cânhamo, óleo de rícino, cascas de árvore e algas são alguns produtos que têm impulsionado o desenvolvimento de novos materiais. Contudo, as aplicações desses materiais já não são mais percebidas como sendo restritas à área rural; ao contrário, estão levando a mudanças radicais no mundo dos compósitos avançados. A grande inovação está no uso de uma fonte de fibras rapidamente renovável, vinda das cenouras e de outras raízes vegetais, contrapondo-se ao petróleo usado para fazer as fibras de carbono. Contudo, mesmo assim, ao redor de 20% de petróleo ainda se faz necessário para complementar os 80% de fibras de cenoura usadas para a fabricação do Curran®.

O Dr. David Hepworth e o Dr. Eric Whale produziram o Curran®, baseado em nanofibras extraídas de raízes vegetais. O processo envolve a quebra mecânica das cenouras em partículas diminutas até formar uma suspensão. As fibras são então extraídas e mantidas em vários estados físicos, para uso em moldagem ou revestimentos. O Curran® pode ser aplicado ou misturado com outras resinas.

Imagem: Vara de pesca da marca Reactor™, feita de Curran® e fibra de carbono

Produção

O Curran® em sua forma original é fornecido como uma pasta (parecida com batata amassada). A pasta tem 93% de água e 7% de fibras e pode ser misturada com diferentes polímeros. Como o Curran® é semilíquido, ele é fácil de usar, misturando-se sem dificuldade com tintas, vernizes e resinas. É compatível com uma variedade de resinas convencionais, como epóxi, poliuretano e poliéster. Também está disponível em pó, filmes e pasta solta.

Sustentabilidade

O Curran® é produzido dos descartes da cenoura na indústria alimentícia e, portanto, não compete com a produção de alimentos.

+	−
– Alta relação força/peso	– Atualmente está
– Resistente	disponível apenas em
– Boa rigidez	fornecedores específicos
– Sustentável	

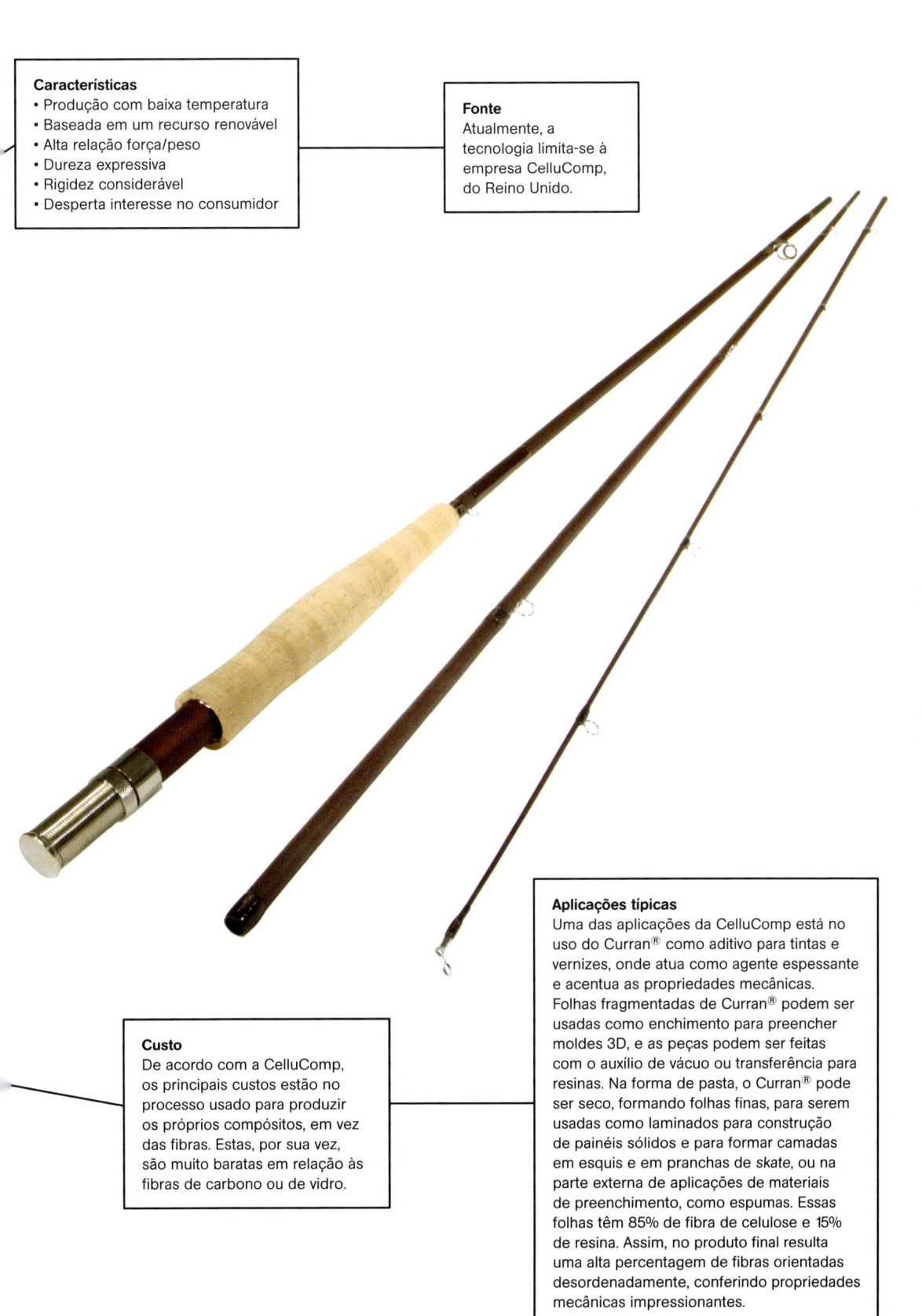

Características
- Produção com baixa temperatura
- Baseada em um recurso renovável
- Alta relação força/peso
- Dureza expressiva
- Rigidez considerável
- Desperta interesse no consumidor

Fonte
Atualmente, a tecnologia limita-se à empresa CelluComp, do Reino Unido.

Custo
De acordo com a CelluComp, os principais custos estão no processo usado para produzir os próprios compósitos, em vez das fibras. Estas, por sua vez, são muito baratas em relação às fibras de carbono ou de vidro.

Aplicações típicas
Uma das aplicações da CelluComp está no uso do Curran® como aditivo para tintas e vernizes, onde atua como agente espessante e acentua as propriedades mecânicas. Folhas fragmentadas de Curran® podem ser usadas como enchimento para preencher moldes 3D, e as peças podem ser feitas com o auxílio de vácuo ou transferência para resinas. Na forma de pasta, o Curran® pode ser seco, formando folhas finas, para serem usadas como laminados para construção de painéis sólidos e para formar camadas em esquis e em pranchas de *skate*, ou na parte externa de aplicações de materiais de preenchimento, como espumas. Essas folhas têm 85% de fibra de celulose e 15% de resina. Assim, no produto final resulta uma alta percentagem de fibras orientadas desordenadamente, conferindo propriedades mecânicas impressionantes.

Micélio *Mycelium*

Um material de crescimento rápido, com baixo consumo de água, compostável e que não requeira nada que o planeta não possa repor, parece soar como algo milagroso. Mas ele não só existe, como pode, potencialmente, tornar supérflua a espuma de plástico de embalagem. Por isso, temos de falar de uma empresa formada por um grupo de designers que viu potencialidades no micélio – uma rede de células formada nas raízes do cogumelo – para substituir as espumas plásticas convencionais.

Da mesma forma que a celulose bacteriana, com o uso do micélio, uma etapa na cadeia de produção do material é removida, pois ele cresce e é configurado diretamente na forma necessária. O produto, chamado EcoCradle®, cresce no escuro, de forma rápida, entre cinco e sete dias, sem necessidade de água ou agentes petroquímicos. Uma vez crescido, esse material tem propriedades semelhantes às da espuma de plástico expandido, além apresentar um custo semelhante. O material é isolante acústico, térmico e de impacto, assim como retardante de chama de Classe 1 (NT: classe de agente de alto desempenho). Essa inovação tem levado a um tipo de espuma completamente novo. Ele foi inventado considerando a premissa de que as espumas tradicionais, feitas de petróleo/plástico, levaram 65 milhões de anos para poderem ser usadas, e em produtos que têm pouca vida útil.

O EcoCradle® é macio e tão forte quanto as espumas de poliestireno expandidas, porém não é tão durável. Entretanto, isso pode ser corrigido, combinando-o com outros materiais.

Imagem: Embalagem da EcoCradle®

Produção
Visto que cresce em vez de ser manufaturado, as opções disponíveis são limitadas para este material; contudo, quase qualquer forma pode ser "crescida" em um molde, em cerca de uma semana. Devido à técnica de produção muito especial da Ecovative, esse material permite formar estruturas arrojadas. As paredes mais finas que podem ser produzidas atualmente têm cerca de 13 mm, embora a empresa esteja tentando chegar a um material muito mais fino.

Sustentabilidade
O EcoCradle® é notoriamente sustentável, e é resultado da procura por caminhos que reduzam o uso de plásticos e a quantidade de descartes. É completamente biodegradável, mas precisa passar por uma longa exposição à água e à biota do solo para que isso aconteça naturalmente. Proporciona uma excelente alternativa para os materiais de embalagem tradicionais ou aplicações nas quais se necessita de um compósito leve. E pode ser usado para fazer produtos descartáveis de tamanhos consideráveis.

+	−
– Barato	– Poucas opções de
– Bom absorvedor de	manufatura
impacto	– Disponibilidade limitada
– Excelente alternativa para embalagens plásticas	
– 100% sustentável	

Custo

O custo do EcoCradle® é comparável ou até mais barato que o da espuma de poliestireno expandida. Isso inclui os blocos de isolamento, telhas acústicas para edifícios e muitas aplicações tradicionais da espuma plástica em carros.

Fontes
Limitado a um único fornecedor.

Características
- Leveza
- Retardante natural de fogo
- Amortecedor
- Baixo custo
- Boas propriedades de isolamento
- Absorvente de choque
- Baixo consumo de água
- Rapidamente renovável
- Desperta interesse no consumidor
- Biodegradável
- Baixo impacto no ciclo do carbono

Aplicações típicas
O *website* da Ecovative apresenta uma variedade de aplicações além das embalagens.

Cana-de-açúcar *Sugarcane*

O açúcar é o extrato evaporado e cristalizado do talo da cana e, embora seja uma importante fonte de biocombustíveis, não é um material que se pensaria como ponto de partida no design de produtos. O designer Emiliano Godoy, contudo, viu nele uma oportunidade de fazer produtos não permanentes em 2003, quando estudava no Instituto Pratt do Brooklyn. Godoy, que cresceu na Cidade do México, se inspirou na tradição mexicana de fazer a chamada *calaverita de azucar* para desenvolver seu projeto de tese, "Descartáveis doces".

A *calaverita*, uma caveira feita inteiramente de açúcar, foi criada para celebrar o Dia dos Mortos no México. Açúcar, creme tártaro e água (só o suficiente para dar a consistência de areia molhada) são moldados em forma de caveiras, que então são deixadas como oferendas para os mortos. Godoy associou esse ritual a uma ideia recentemente em moda: o pensamento "de berço-para-berço" dos gurus da era verde William McDonough e Michael Braungart. Os produtos criados por Godoy – um suporte de bola de golfe, alvos móveis para tiro, copos para velas e lamparinas, entre outros – são todos feitos inteiramente de açúcar. Assim, o descarte do açúcar retorna à terra como um "nutriente biológico". Isso torna os sistemas de coleta de lixo desnecessários, considerando que os recursos gastos na reciclagem e processamento também representam desperdício.

Imagem: Alvos móveis, doces, descartáveis de Emiliano Godoy

Produção
Os talos de cana são esmagados para extrair o suco, que é concentrado por ebulição, cristalizado e clarificado. Os produtos de Godoy são feitos por compressão em moldes.

Sustentabilidade
Esse exemplo ilustra a possibilidade de eliminar a necessidade de recuperação e coleta de descartes. Com o uso de produtos duráveis e não duráveis feitos de material 100% biodegradável, a questão do descarte se insere na área do design. A planta de cana-de-açúcar tem uma das maiores taxas de eficiência de bioaproveitamento, proporcionando uma valiosa fonte de biocombustível, e as fibras do bagaço têm muita utilidade, inclusive para uso em móveis.

+	−
– Versátil	– Pouca durabilidade
– Abundante	
– 100% biodegradável	

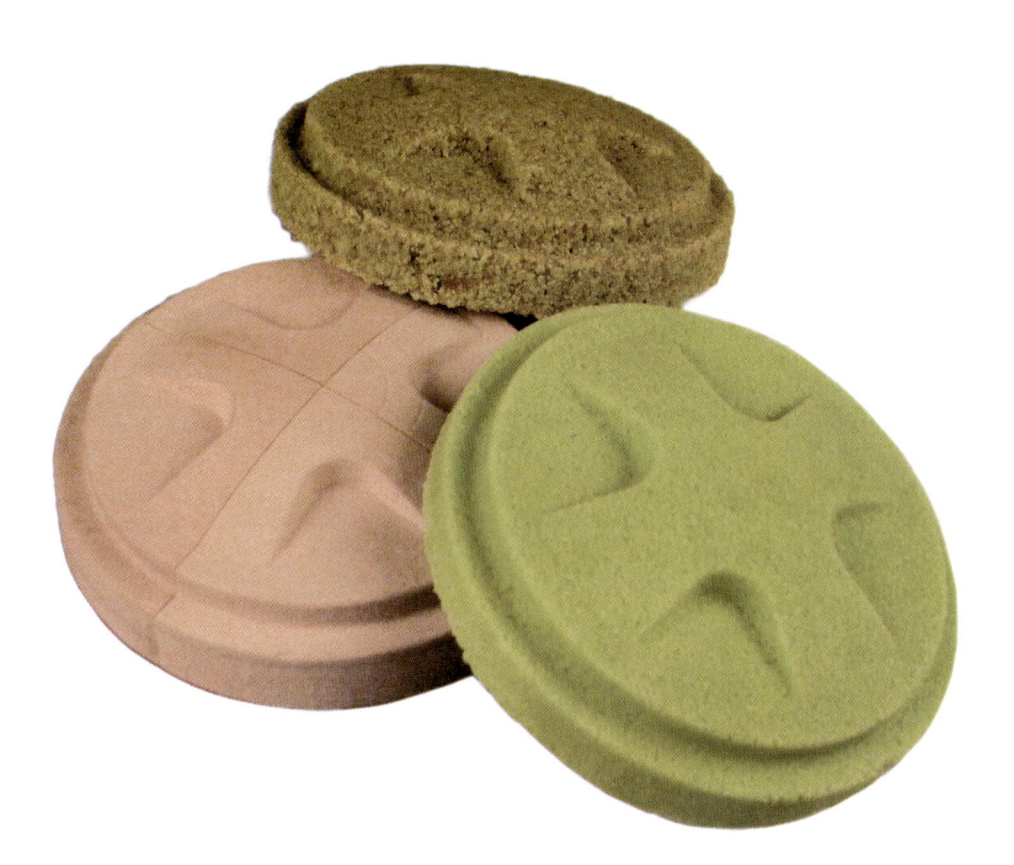

Aplicações típicas
O principal uso da cana-de-açúcar é para obter a sacarose, mas outros produtos podem ser derivados. Um dos materiais úteis para o designer é o bagaço, que é a fibra residual da madeira da cana. É possível usá-la na fabricação de polpa e papel. Com importância crescente, vem o etanol, como um produto derivado da produção de açúcar, e um dos principais biocombustíveis.

Características
• Abundância
• Rapidamente reposto
• Compostável
• Pouca durabilidade

Fontes
A planta é cultivada em plantações em Cuba, Indonésia, América do Sul, Havaí e alguns estados do sudeste dos Estados Unidos. De acordo com a Organização das Nações Unidas para a Alimentação e a Agricultura, a cana-de-açúcar constitui a maior cultura de plantio no mundo, com uma produção estimada em 2011 de 734.006.000 toneladas só no Brasil (o maior produtor mundial). Para dar uma ideia da escala, a produção de laranja no Brasil (também o maior produtor mundial) foi de 19 milhões de toneladas nesse mesmo ano.

Custo
Relativamente barata.

Casca de laranja *Orange Peel*

Este subproduto da indústria do suco de laranja é um material renovável e compostável. Como muitos outros exemplos focalizados neste livro, os designers estão transformando descartes pouco usuais e biomateriais em novas formas de produtos manufaturados, usando criatividade e experimentação. Suzanne Lee é um desses exemplos, com seus projetos de BioCouture, e o APeel – de Alkesh Parmar – é outro.

Parmar utilizou as cascas e sementes descartadas na indústria de suco de laranja e as transformou em um material viável, rígido e moldável. De acordo com a Organização das Nações Unidas para a Alimentação e a Agricultura, o Brasil é o maior produtor de laranja do mundo. Em 2011 a produção total brasileira foi de 19 milhões de toneladas.

O APeel é um material 100% sustentável, que usa apenas aglutinadores orgânicos naturais – nenhuma resina ou aglutinadores sintéticos têm sido usados. Também tem se almejado criar um material que usa a menor quantidade de água e energia possível, bem como métodos econômicos de manufatura. Nas formas dura ou flexível, dependendo do tipo exato de ingredientes, o APeel utiliza as cascas secas como as partículas que dão ao material sua textura própria, e a pectina, encontrada na casca, como aglutinante. Como você deve estar imaginando, ele tem uma fragrância cítrica, mas somente perceptível quando esfregado.

Imagem: APeel, por Alkesh Parmar

Produção
O APeel pode ser moldado por compressão ou extrusão – se for transformado em uma folha – e pode ser cortado a laser e trabalhado nas máquinas usuais para madeira. Alkesh está atualmente explorando a ideia de uma impressão 3D rápida com esse material.

Sustentabilidade
De acordo com Alkesh, os descartes representam cerca de 15,6 milhões de toneladas por ano, que poderiam ser convertidas em um novo material. O uso de fontes de alimento para produzir materiais tem sido contestado e, por isso, a fabricação de APeel utiliza somente o subproduto, que normalmente não tem utilidade. Por ser uma fruta, a produção da laranja é sazonal, e isso torna um desafio manter o fornecimento anual.

+

– Produção versátil
– Utiliza o descarte da indústria de alimento
– 100% sustentável

−

– O suprimento regular ao longo do ano é tido como um desafio

Características
- Material forte
- Boa condutividade térmica
- Bom isolante acústico
- Compostável
- Alta densidade
- Neutralizante de odores
- Flutua por períodos limitados em água

Fontes
As laranjas são cultivadas em países tropicais e subtropicais, sendo o Brasil o maior produtor mundial. O APeel também tem potencial de se tornar um material "local" em países quentes, que pode contribuir para sustentar a cultura da laranja.

Aplicações típicas
Alkesh está atualmente propondo o APeel como alternativa para o MDF (placas de fibras de densidade média) na indústria da construção civil e como material para prototipagem. Outras aplicações incluem solas de sapato, substituindo o poliuretano, e palmilhas neutralizadoras de odores. Além disso, está sendo considerado para uso na embalagem de cosméticos, potes de plantas, porta-ovos e embalagens de frutas.

Custo
É difícil precisar o custo, porém, quando comparado com materiais do tipo cartão, pode ter alguma vantagem. Além disso, é uma alternativa sustentável ao MDF, tendo um custo comparável.

PLA

PLA
(Ácido Polilático)

Juntamente com as nanotecnologias, materiais inteligentes e compósitos, os plásticos "verdes" também constituem uma família de materiais que vem crescendo rapidamente. A indústria de plásticos está repleta de exemplos de plásticos verdes que ostentam credenciais de recicláveis, como o ícone desse materiais, que é a Smile Plastics. Essa companhia sediada no Reino Unido foi uma das primeiras no mundo a perceber as oportunidades de produzir lâminas de plástico reciclado pelo reúso dos potes descartáveis de iogurte, botas Wellington (ou galochas) e caixas de celulares. As indústrias grandes e companhias petroquímicas também estão no caminho da exploração de recursos renováveis para produzir plásticos. Como resultado, isso acabou se tornando uma onda.

O ácido polilático (PLA) foi dos primeiros e é um dos mais populares ingredientes naturais usados em plásticos verdes. Seu uso também é uma forma de extrair carbono das plantas, que, por sua vez, o retiram do ar por meio da fotossíntese. O carbono está armazenado no amido das plantas, que pode ser quebrado em açúcares, até chegar ao PLA.

Depois que o milho ou outra planta fonte de amido é moída, o amido é separado do material bruto. A partir desse amido não refinado se produz a dextrose, que é depois transformada em ácido lático por meio da fermentação, de modo semelhante ao usado para fazer vinho e cerveja.

Imagem: Fones de ouvido de bioplástico, por Michael Young

Produção
O PLA pode ser processado empregando-se uma variedade de técnicas-padrão usadas em plásticos, incluindo extrusão, injeção em moldes, termomoldagem e calandragem.

Sustentabilidade
O PLA é biodegradável e compostável, liberando 60% menos gases de efeito estufa, e utilizando menos de 50% de energia não renovável que os plásticos tradicionais, como o PET e o PS. Os principais aspectos desta primeira geração de bioplásticos estão relacionados com o uso de alimentos e da terra.

+	−
– Versátil	– É caro, comparado aos plásticos derivados do petróleo
– Boa limpidez	
– Boa consistência	
– Compostável	– Pouca durabilidade

Custo
Ainda não competitivo com os plásticos derivados do petróleo.

Fontes
Entre os materiais naturais de onde o PLA pode ser extraído estão a batata, o milho e a cana-de-açúcar. Bastante disponível com múltiplos fornecedores, de várias marcas.

Derivados
O PLA pode ser modificado para uso em uma variedade de aplicações, como fibras, espumas, emulsões e intermediários químicos.

Características
- Renovável anualmente
- Baixo nível de odores
- Compostável
- Boa limpidez
- Boa consistência
- Bom acabamento de superfície
- Pouca durabilidade

Aplicações típicas
Cartões de crédito, garrafas de água moldadas a sopro, receptáculos para diversos eletrônicos, emulsões baseadas em água, vestuário, carpetes, filmes rígidos e flexíveis para alimentos termoprocessados e recipientes de bebidas.

Óleo de rícino *Castor Oil*

Quando foi que o plástico deixou de ser plástico?
Ezio Manzini, um estrategista do design sustentável,
compara a rápida evolução dos materiais, definindo-os
como "quando tentamos tirar uma fotografia da família
mas todos estão em constante movimento". Nesse
sentido, até que ponto a definição de plástico como
uma substância derivada do petróleo é compatível
com o desenvolvimento sempre crescente de novas
alternativas e ingredientes? Como essa definição ficará
no futuro próximo, quando os plásticos poderão
derivar de materiais que já variam do amido às penas
de galinha e, agora, do óleo de rícino?

Enquanto o mundo vasculha além dos
petroquímicos para criar produtos plásticos, um dos
recursos encontrados é o óleo de rícino, ou *castor
oil*, uma substância considerada laxante na cultura
popular. O óleo de rícino é um líquido viscoso extraído
das sementes da mamona, e é um dos óleos vegetais
mais usados. Não faz muito tempo que os bioplásticos
eram associados com itens descartáveis como
talheres e embalagens. De fato, os plásticos renováveis
percorreram um longo caminho em pouco tempo.
Os óculos de sol mostrados aqui, da Óptica Smith,
usa o Rilsan® Clear Renew, um plástico de qualidade
óptica, de alto desempenho, do fornecedor francês
Arkema. Ele é feito inteiramente de óleo de rícino,
que é biodegradável e renovável, mas apresentando as
excelentes propriedades do nylon, o que significa que é
forte e tem boa resistência a impacto.

Imagem: Óculos de sol Evolve, da Smith Optics

Produção
Esta poliamida – nylon –
renovável é fácil de processar
usando técnicas convencionais
para termoplásticos, incluindo
moldagem por injeção, moldagem
a sopro, moldagem rotacional
e extrusão. Também pode ser
modificada com inúmeros
aditivos, como vidro e vários
corantes. Pode ser extrusada
formando uma fibra resistente,
para aplicações têxteis.

Sustentabilidade
A grande utilidade do óleo de rícino
é conflitante com a toxicidade do pé
de mamona, por causa da presença
de alcaloides, glicosídeos e várias
resinas e óleos voláteis que oferecem
risco aos trabalhadores da colheita.
Algumas cidades e estados dos
Estados Unidos estão até tentando
banir o uso ornamental da mamona.
Como se todas essas preocupações
não fossem suficientes, a planta
também é usada para produzir a
rícina, um ingrediente tóxico que é
usado na guerra química e biológica.
Em relação ao seu uso como
biocombustível, as características do
óleo de rícino têm algo incomum,
pois ele não precisa de calor para ser
convertido em biodiesel e, portanto, é
energeticamente favorável.

+	−
– Versátil	– A planta apresenta
– Resistente	alguns aspectos
– Boa resistência para	nocivos para a saúde e o
vestuário e não rasga	meio ambiente
– Pouco atrito	– Baixa resistência química

Características
- Rígido
- Forte
- Baixo atrito
- Boa resistência para vestuário (não rasga facilmente)
- A planta resiste à aridez
- Fácil de cultivar
- Disponível em vários graus de transparência
- Resistência química limitada
- Atraente ao consumidor

Custo
O óleo de rícino tem um preço mais elevado que outros óleos extraídos de sementes, como o girassol e a canola.

Aplicações típicas
Além da associação frequente com seu uso como laxante e outras propriedades curativas, o óleo de rícino tem mais de setecentos usos e derivados que variam de lubrificantes a cosméticos para fazer sabonetes e, agora, também como fonte para a indústria de plásticos. Como muitas poliamidas, a principal área de aplicação dessa espécie renovável é na engenharia ou em outras aplicações que requerem propriedades mecânicas aprimoradas em relação aos plásticos convencionais.

Fontes
Além do uso popular ornamental, o mamoeiro é comum em países de clima tropical como o Brasil e a Índia.

Látex *Latex*

Existem muito usos para árvores e frutos que não têm qualquer relação com a fabricação de produtos e móveis, ou com a característica estrutural da planta. A história está repleta de referências a remédios líquidos, pomadas e poções derivadas de árvores: por exemplo, as cinzas da faia são usadas para fazer sabão, e o xarope do bordo é refinado para fazer óleo de rícino, que depois é usado como nylon em produtos de celulose como Tencel® e Rayon®. O látex é uma seiva de outro derivado de planta, extraído do líquido leitoso que corre de diversas árvores produtoras de borracha, como a seringueira.

Como a maioria dos derivados de plantas, as propriedades do látex variam com o tipo de árvore de onde é extraído, e da sua localização, idade, clima e do método usado para a coleta. Além de ser a matéria--prima para muitos produtos, o látex também é a base comercial para a produção da borracha natural, que é a mais versátil e mais utilizada – não pode ser confundida com a borracha sintética, que é derivada do petróleo e constitui a segunda forma dominante.

Cada aspecto tratado pela Terra Plana, uma marca de calçados britânica, pode ser considerado sob uma perspectiva ambiental. A manufatura é planejada usando o menor número de componentes possível e muito pouca cola. A lona orgânica vem de fontes sustentáveis, os tecidos de poliamida sintética são feitos de garrafas recicladas e as solas são feitas de material reconstituído de látex natural e palha de arroz.

Imagem: Bota Kariba, da Terra Plana, com sola de látex

Produção
A borracha natural pode ser trabalhada de diferentes maneiras. Ela pode ser aplicada como líquido para ser moldada por imersão – pense nos preservativos – e também forjada como peças sólidas em moldes, ou como espumas.

Sustentabilidade
Sendo um material termofixo, ele não pode ser novamente fundido; contudo, o látex e a maioria das outras formas de borracha são recicláveis e reusáveis. Isso é normalmente conseguido pela moagem, convertendo-os em grânulos para serem usados como enchimento em outros produtos. Dependendo das condições, a seringueira pode levar de 5 a 10 anos para atingir a maturidade, ou seja, o estágio de início da coleta de seiva. O conteúdo típico que é colhido da árvore apresenta de 20 a 50% de borracha.

+

– Boa adesão ao contato
– Versátil
– Forte e elástico
– Material de baixa característica alérgica
– Renovável

–

– Pouca resistência ao UV

PETROQUÍMICOS

Ao longo do último século, os plásticos tiveram, de longe, o impacto mais dramático no mundo, pela sua capacidade de serem reproduzidos em bilhões de unidades idênticas, feitas principalmente injetando-se um líquido quente, pegajoso, em cavidades de aço. Como um material de produção em massa, o plástico, quase que sozinho, mudou a aparência do mundo, gerando produtos com uma vasta gama de cores brilhantes.

Contudo, o termo "plástico" pode estar no limite de se tornar tão antiquado quanto a baquelite. Os plásticos preenchem funções que podem ser tanto práticas quanto essenciais, como na medicina, permitindo que órgãos humanos sejam substituídos por órgãos artificiais. O uso do plástico reduz o peso no transporte, como no Airbus A380, e proporciona suavidade, conforto e amortecimento dentro do sapato, ou a transparência cristalina de vários objetos que conhecemos.

Entretanto, o plástico também é desmerecido pelas associações frequentes com problemas ecológicos, imagens de aterros repletos de descartes e incineração venenosa e com os problemas de processamentos. Porém, à medida que nos familiarizamos com os plásticos, vamos achando novas maneiras de reciclar os materiais quando deixam de ser úteis. Tradicionalmente os plásticos são definidos como sendo derivados do petróleo, mas os limites que separam as famílias de materiais estão desaparecendo; novas fontes para plásticos, como o óleo de rícino, estão sendo identificadas, o que torna a definição cada vez menos precisa ou até irrelevante.

Esta seção, entretanto, é voltada para os plásticos derivados do petróleo, usados no design, e destaca inovações que podem contribuir para aplicações mais sustentáveis. Esta seção está organizada em duas subseções: termoplásticos (plásticos que podem ser novamente fundidos) e termofixos (plásticos que não podem ser fundidos novamente e, portanto, não são recicláveis).

ABS

ABS
(Acrilonitrila Butadieno Estireno)

O ABS é um dos plásticos mais versáteis e, se você for designer, será uma boa escolha em uma lista de materiais, ou quando não conseguir pensar em outra coisa.

Ele pode ser rígido, colorido e brilhante. Seu uso em peças de Lego mostra que é quase inquebrável para mais de 400 milhões de crianças que brincam com ele a cada ano. Como um cavalo de trabalho, o ABS tem um grau de tolerância na manufatura em nível extremamente rigoroso, que é de 0,002 mm. Esse rigor na tolerância é que torna viável o princípio *stud-and-tube*, ou pino-e-tubo, utilizado no Lego. Por isso as peças de Lego sempre podem ser acopladas.

O ABS é parte da família dos plásticos de estireno e é feito de três componentes, ou, em termos técnicos, por três monômeros distribuídos em 25% de acrilonitrila, 20% de borracha de polibutadieno e 55% de estireno. A versatilidade oferecida por essa combinação vem da adaptação das propriedades específicas, e é a combinação desses três ingredientes que resulta no que é amplamente conhecido como um material de engenharia com boa resistência, dureza e rigidez. Como resultado, o ABS pode apresentar vantagens econômicas em relação ao metal, madeira e outros materiais de design.

Imagem: Aspirador a vácuo Electrolux, da Sea

Produção
O ABS pode ser moldado usando-se as principais técnicas de processamento de plásticos: moldagem por injeção, extrusão, moldagem a sopro e espuma estruturada. Pode ser revestido por processos eletroquímicos. Ele se mantém estável durante o processamento, sem problemas como entortamento ou depressões na parte acabada. Permite, com facilidade, o ajuste de cores.

Sustentabilidade
O ABS é reciclável, mas, como é derivado do petróleo, não é uma opção sustentável, embora as pesquisas em andamento estejam procurando criar um ABS "verde" usando a borracha natural como ingrediente.

Características
• Processamento versátil
• Permite rigor, em termos de tolerância
• Duro e resistente a riscos
• Excelente rigidez
• Proporciona bom ajuste de cores
• Excelente estabilidade dimensional
• Alta resistência a impacto
• Reciclável

+
– Baixo custo
– Versátil
– Fácil de processar
– Extremamente duro com boa resistência a impacto
– Reciclável

–
– Queima quando exposto a altas temperaturas
– Pouca resistência ao UV

ASA

*ASA
(Acrilonitrila Estireno Acrilato)*

Os plásticos geralmente não são considerados como materiais que sofrem degradação; contudo, se você deixar uma peça de plástico, como um brinquedo, fora de casa, exposto à chuva, gelo ou sol escaldante, não verá aquela aparência colorida e brilhante nunca mais. A superfície de muitos plásticos envelhece e tem a cor desbotada. Também pode apresentar fadiga ambiental. O ASA, contudo, é um plástico mais duro que a maioria, e seu ponto de destaque é a habilidade de suportar o uso no exterior da casa. Sua resistência aos raios UV o distingue dos materiais moldáveis, convencionais, como o ABS. Como resultado, ele é usado mais frequentemente na indústria automotiva, onde as partes não precisam ser pintadas e permanecem com suas cores sem desbotar.

A família dos poliacrilatos, ou acrílicos, à qual pertence o ASA, tem um peso enorme na área de plásticos, e é classificada em relação à sua transparência e dureza. O ASA foi desenvolvido para durar bastante e, como o ABS, é uma combinação de três monômeros: acrilonitrila, estireno e acrilato. As resinas de ASA têm propriedades semelhantes ao ABS, porém utilizam uma borracha substituindo o butadieno presente neste último. Essa borracha é que proporciona elasticidade e resistência ao UV e à degradação pelo oxigênio. A resistência a agentes químicos e impacto, e a habilidade de manter as cores são propriedades que distinguem o ASA e o tornam adequado para aplicações externas que possam resistir às intempéries.

Imagem: Um Range Rover Evoque com suporte de espelho de ASA

Produção
Assim como o ABS, esse termoplástico de engenharia pode ser facilmente processado por meio de injeção em molde, devido à sua boa fluidez no estado de fusão. Isso possibilita moldagens complexas e com grande espessura de parede. É um material frequentemente coextrusado com ABS ou PC para intensificar a resistência às intempéries.

Sustentabilidade
Como todos os plásticos derivados do petróleo, existem preocupações no tocante à sustentabilidade. Entretanto, os termoplásticos podem ser remodelados e, portanto, reciclados.

+	**−**
– Resistente à luz	– Gera fumaça tóxica quando queimado
– Resistente à água	
– Bastante disponível	– Gera preocupações em termos de sustentabilidade
– Durável	
– Fácil de acrescentar cores	

Custo
Moderadamente
caro: US$ 6 por kg.

Fontes
Disponível em muitos
fornecedores.

Derivados
– Geloy® ASA resina sabic
– Luran®
– Korad®
– KIBILAC®

Características
• Processamento versátil
• Excelente resistência ao UV
• Alta transparência
• Boa resistência a impacto
• Excelente resistência química
• Alta resistência ao calor
• Reciclável

Aplicações típicas
Este é um material capaz de aumentar o
tempo de vida dos produtos usados em
ambientes externos. As aplicações são
voltadas para três mercados: automotivo,
construção e lazer. Os produtos específicos
incluem os móveis de jardim, *sprinklers*,
luzes e vitrinas, e satélites. Outras
aplicações incluem fornos de micro-ondas,
aspiradores a vácuo e máquinas de lavar.

CA

CA
(Acetato de Celulose)

O acetato de celulose é um dos plásticos mais sedutores. Tem uma bela superfície, com processamento sem complicações, e um toque quente.

O nitrato de celulose foi um dos primeiros plásticos a serem comercializados quando foi descoberto na metade do século XIX, e depois passou a ser chamado de celuloide. Infelizmente, em termos comerciais, não resistiu muito, por ser altamente inflamável. Atualmente, o acetato de celulose e seus primos da família celulósica têm estado constantemente no radar de observação dos designers. É um material que combina propriedades mecânicas relevantes, como dureza e transparência óptica, com uma série de qualidades sensoriais. O acetato de celulose é feito de dois ingredientes: celulose, que é um material polimérico natural e abundante, extraído da polpa da madeira, e ácido acético. Pode ser notado nos óculos de sol, um produto que faz uso das propriedades táteis do material.

As alternativas na família celulósica incluem o acetatobutirato de celulose (CAB), que tem ponto de amolecimento mais elevado que o CA e boa resistência ao UV, o que favorece aplicações em ambientes externos. Outro membro é o propionato de celulose (CAP), que tem propriedades similares com algumas gradações oferecendo maior resistência, para uso em cabos de ferramentas. A adição de um plastificante ao propionato de celulose aumenta sua resistência a impacto.

Imagem: Óculos de sol de acetato de celulose, da Thierry Lasry, por Mazzucchelli

Produção
Como um material termoplástico, ele é adequado para moldagem a injeção, fundição ou extrusão; contudo, ao contrário de muitos outros termoplásticos, não é adequado para moldagem a sopro ou rotacional. No caso da moldagem por injeção, deve-se lembrar que o material perde sua estabilidade dimensional quando fica muito fino e nesse caso é melhor usar o processo de fundição. Devido à disponibilidade na forma de folhas, ele é adequado para produção individualizada, em batelada ou em massa.

Sustentabilidade
O uso da polpa de madeira para fazer o CA significa que menos petróleo está sendo empregado em relação aos outros plásticos.

+	−
– Tátil, bom para aplicações próximas da pele – Extremante duro – Bastante disponível	– Baixa resistência química – Estabilidade dimensional prejudicada quando em espessuras finas

Características
- Muito duro
- Provém de um recurso renovável
- Toque quente
- Autopolimento
- Pode ser polido com as mãos
- Baixa resistência química
- Reciclável

Fontes
Bastante disponível; contudo, muito da matéria-prima vem da companhia Eastman Chemicals. As folhas usadas para fazer armação de óculos de sol são do fornecedor italiano Mazzucchelli.

Derivados
Mazzucchelli é um fornecedor italiano de uma diversidade de lâminas de CA, esfumaçadas, com padrão tipo redemoinho (*swirly*), que é usado como base de armações para óculos de sol. O M49 é um dos produtos 100% CA.

Aplicacões típicas
Por causa de suas propriedades agradáveis ao toque, tem sido usado em todos os tipos de aplicação que requerem proximidade da pele, incluindo escovas de dente, cabos de ferramentas, clipes de cabelo, cabos de faca, brinquedos, cartas de baralho, dados, chaves de fenda e armações de óculos de sol. Também é bastante usado em acessórios de moda, como fechos de bolsas, cintos e bijuterias.

Custo
US$ 3-5 por kg.

EVA
EVA
(Acetato de Vinil Etileno)

É interessante ver como um material tem sido usado em certas aplicações, porque isso proporciona uma maneira de compreender melhor suas propriedades. Por exemplo, o EVA é bastante usado em calçados porque tem boas propriedades amortecedoras e porque os sapatos precisam suportar um regime massivo de esforço e desgaste, como expresso pelo refrão *wear and tear* ("use e rasgue"). Considerando que se corre mais quando o tempo está frio, o uso do EVA se torna bastante apropriado, pois é capaz de suportar baixas temperaturas sem perder a flexibilidade. Finalmente, é um produto em que poderão ser aplicados produtos químicos uma vez ou outra, como o óleo ou a graxa, e portanto deve ser resistente quimicamente.

O EVA é provavelmente um dos materiais mais comuns em tênis de corrida. É um copoliéster com aspecto de borracha, versátil e macio, que se adapta à maneira como é processado, desde as formas mais densas até as aeradas, para fazer o amortecimento ou acolchoado dos tênis de corrida.

Embora tenha vários graus de transparência, o EVA no seu estado natural tem um aspecto translúcido pálido, que propicia a aplicação de cores. É macio, límpido e mais parecido com a borracha do que o LDPE, sendo menos propenso a rachar. Variando a quantidade de acetato de vinila, que pode ser entre 4% a 30%, é possível alterar a transparência e a flexibilidade. Adicionando mais, aumentam sua transparência e flexibilidade. Entre outros materiais do tipo borracha, podem ser considerados o silicone, e por sua maior resistência térmica, os TPEs e os TPVs.

Imagem: Sandálias Croc

+	−
– Absorve impacto	– Não é tão resistente a
– Macio e flexível	temperaturas muito altas
– Aceita bem as cores	como o é para o frio
– Bastante disponível	
– Reciclável	

Produção
Assim como muitos termoplásticos, o EVA pode ser processado com moldagem por injeção, extrusão, moldagem a sopro e fusão. As partes podem ser unidas usando uma variedade de métodos, incluindo ultrassom, chapas quentes e radiofrequência. Ele é bom em recheios absorventes. Para as aplicações de embalagem, pode ser processado em filmes extrusados, soprados ou fundidos, combinando-se facilmente com esses outros materiais.

Sustentabilidade
Sua baixa temperatura de fusão dispensa o uso intensivo de energia. O EVA é reciclável.

Aplicações típicas
Uma das aplicações mais frequentes é como adesivo em pistolas de cola quente, por sua baixa temperatura de fusão. Contudo, o EVA é usado em uma grande variedade de produtos, incluindo solas de tênis de corrida, tapete de carro e empunhaduras. Alguns grampeadores têm suas bases de apoio feitas de EVA. Outros usos compreendem tubos flexíveis, selins de bicicletas, antigos pratos giratórios para discos de vinil e gabinetes de aspiradores. Têm sido usados como substitutos do PVC em dispositivos médicos, para-choques, formas de cubos de gelo, e no inusitado sapato de repouso Crocs. Em virtude de não precisar de plastificantes para aumentar a flexibilidade, ele é adequado para uso em bicos de mamadeira.

Características
- Excelente absorção de energia
- Excelente rigidez
- Excelente consistência
- Boa flexibilidade e maciez
- Baixa temperatura de fusão: − 65 °C
- Fácil de colorir
- Biologicamente inerte
- Reciclável

Fontes
Bastante disponível
em múltiplos
fornecedores.

Resinas ionômeras *Ionomer Resins*

Famílias de polímeros menos comuns, como as resinas ionômeras, podem não ser as mais prováveis de serem pensadas por um designer, provavelmente porque têm um desempenho característico, mais adequado para um dado requisito do produto. Mas o que é importante para mim, como designer, é que embora seja mais simples categorizar as propriedades dos materiais baseadas nas aplicações dos produtos, existem alguns plásticos que têm aplicações e formulações que são tão diversas, que é difícil caracterizá-las de uma forma direta. Os ionômeros caem nesta categoria. O Surlyn® é uma das mais destacadas marcas de polímeros da DuPont, sendo uma das marcas de ionômeros mais conhecidas.

Em essência, esse polímero tem uma notável resistência a impacto, mesmo a baixas temperaturas, e ao desgaste e abrasão, com boa resistência química e excelente transparência óptica, que, combinada com sua facilidade de moldagem, torna-o mais versátil do que o vidro para produtos transparentes.

Contudo, esse material, que tem numerosos atributos de alto desempenho e características "especiais", pode ser comercializado de tal modo que leva os designers a pensarem em novas aplicações para suas muitas propriedades. Os ionômeros aparecem nas mais variadas formas e são usadas pela sua transparência límpida nos frascos de perfume feitos com moldagem por injeção. Também são usados em tubos de apertar para shampoo, feitos por extrusão branda, e até no osso duro e elástico que os cães gostam de mascar.

Imagem: Bolas de golfe

+	−
– Extremamente rígido e flexível	– Como derivado do petróleo não é a opção mais sustentável
– Boa resistência química	
– Versátil	
– Bastante disponível	
– Reciclável	

Produção

Os ionômeros podem ser injetados em molde, extrusados, convertidos em espuma, moldados termicamente ou usados como pós de cobertura, bem como modificadores de resina, para aumentar a força dos polímeros. Eles também aderem fortemente a metais, vidros e fibras naturais por meio da laminação com calor.

Aplicações típicas

Em virtude de sua grande resistência a impacto, os ionômeros possibilitam o trabalho em muitas circunstâncias consideradas agressivas, como no topo de uma ferramenta de mão que é golpeada com martelo, ou nos dez pinos da pista de bola de boliche. Também é usado como material de mascar para cães, o que não deixa de ser uma aplicação exaustiva e impactante. Uma das minhas aplicações favoritas é a bola de golfe. Além desses casos extremos, os ionômeros têm um lado mais mole e excelente resistência química e transparência. É o substituto ideal para vidros e cristais em frascos de perfume. Na forma de filme, os ionômeros são usados em diversas formas de embalagem de alimentos, como carne fresca e peixe, pela sua consistência. Outras aplicações incluem capacetes para hóquei, calçados, pranchas para *bodyboard*, ferramentas de mão, revestimento de vidro, botas de esqui, painéis de carro, tampas de perfume e maçanetas de cozinha e banheiro.

Sustentatbilidade
Como derivado
do petróleo, não é
sustentável a longo
prazo, porém pode
ser reciclado. Usado
também para produzir
embalagens mais leves.

Fontes
Bastante disponível
em múltiplos
fornecedores.

Custo
US$ 3 por kg.

Características
• Impressionante resistência
  a impacto
• Resistente à abrasão
• Resistente ao desgaste
• Boa resistência química
• Alta transparência
• Alta força de fusão
• Reciclável

Polímeros de cristal líquido *Liquid Crystal Polymers (ou Cristais Líquidos)*

A indústria dos esportes tem sede por novos materiais e tecnologias, utilizando-os tanto para criar heróis para uma marca específica como para aumentar o desempenho. Na tecnologia Nike Flywire® usada no tênis Lunar Racer, um novo material foi concebido para criar esse tênis de corrida ultraleve. O material heroico nesse tênis é o Vectran®, uma marca de fibras que têm um quarto do diâmetro de um fio de cabelo, sendo, peso a peso, cinco vezes mais forte que o aço. Essas fibras são intercaladas entre uma rede de TPU (poliuretano termoplástico) para criar uma parte superior do tênis que é tão fina e translúcida como uma segunda pele. O Vectran® é classificado como um polímero de cristal líquido (LCP).

É difícil de descrever sucintamente os fundamentos técnicos dos LCPs, pois eles não são nem sólidos nem líquidos. As propriedades duais de fluidez e solidez são, em parte, devido ao fato de que a estrutura cristalina tem diferentes propriedades ao longo de eixos diferentes, uma característica conhecida como anisotropia. Essas duas propriedades são empregadas em inúmeras variedades de aplicações. Por exemplo, na forma líquida são usadas em TVs, e na forma sólida se transformam em superfibras como o Vectran® ou o Kevlar®, ambos conhecidos por serem extremamente fortes. O Vectran® é uma adição bastante nova à família das fibras LCPs e parece ter conseguido uma aplicação de sucesso no tênis da Nike.

Imagem: Tênis de corrida Lunar, da Nike

Produção
Os LCPs podem ser moldados usando-se técnicas convencionais para termoplásticos, porém devidamente adequadas para formas finas. Isso se deve ao fato de que os LCPs apresentam excelente fluidez quando injetados, preenchendo todos os detalhes finos dos moldes.

Características (LCPs sólidos)
- Boa resistência química
- Material extremamente forte
- Excelente resistência à abrasão
- Excelente estabilidade dimensional
- Mantém suas propriedades a altas temperaturas
- Excelente resistência à ruptura
- Compatível com alimentos
- Quebradiço em uma direção
- Reciclável

+	**−**
– Extremamente forte e leve	– Forma linhas fracas nas junções
– Boa resistência química	– Custo relativamente alto
– Facilmente moldável	– Somente disponível em fornecedores especializados
– Reciclável	

Melamina formaldeído

Melamine Formaldehyde (Melamina)

A melamina ocupa uma posição singular na família dos plásticos. Tendo sido usada desde 1930, é um dos plásticos comerciais mais antigos e ainda não tem um grande substituto nos produtos domésticos. Pense em suas cores brilhantes, nos sons das tigelas batendo uma nas outras e na dureza e resistência delas, que lembram a cerâmica. Nenhum outro plástico oferece essa mesma combinação de características.

A melamina pertence à família de plásticos termofixos, assim como o plástico de ureia com formaldeído e fenol. Ela oferece um excelente acabamento na superfície, com uma habilidade muito boa de aceitar cores, mas é geralmente mais cara. Não transmite absolutamente nenhum cheiro ou gosto aos alimentos, e tem um aspecto duro, denso, rígido e inquebrável. A superfície brilhante, não porosa, é parte do motivo pelo qual tem sido uma alternativa tão popular para a cerâmica, no design de pratos, baixelas e tigelas.

Nos anos 1930, composições com melamina começaram a substituir a baquelite devido à sua habilidade de aceitar uma variedade de cores. A década de 1950 foi o apogeu da melamina moldada, quando passou a ser largamente usada em produtos domésticos pelo design multicolorido, brilhante.

Imagem: Tigela de salada Hands On™, por Joseph e Joseph

+	−
– Boa resistência a produtos químicos, impacto e calor	– Relativamente caro
– Não é tóxico	– Não reciclável
– Excelente acabamento de superfície	
– Aceita cores muito bem	

Produção

A melamina está disponível como composto e resina, e pode ser injetada, moldada por compressão e extrusada. Ao contrário de muitos termoplásticos, pode ser moldada com várias espessuras.

Sustentabilidade

Assim como todos os termofixos, a melamina tem problemas de sustentabilidade. Ela não pode ser novamente fundida e colocada em molde.

Características

- Excelente resistência química
- Excelente condutividade elétrica
- Aceita cores com facilidade
- Excelente dureza
- Excelente rigidez
- Resiste bem a impacto
- Compatível com alimentos
- Fácil de ajustar as cores
- Excelente estabilidade dimensional
- Não reciclável

PA

PA
(Poliamida)

Descoberta, aparentemente por acidente, em um laboratório da DuPont, a poliamida marcou os anos 1940 como um material revolucionário. O Nylon, que é a marca da DuPont para a poliamida, passou a fazer parte da cultura popular, em que seu potencial original era visto como substituto da seda, e tornou-se o garoto-propaganda da nova era do plástico. Seu toque escorregadio de seda, além da boa consistência e força de tensão, estão entre suas principais propriedades, as quais acabaram inovando as meias femininas.

As poliamidas preenchem muito bem cada aspecto da nossa vida diária, das cerdas da escova de dentes até a sola de sapato. Como material moldável, a poliamida ganhou aplicações onde se usavam metais.

Existem inúmeras formulações de poliamida: PA 6,6; PA 6,12; PA 4,6; PA 6; e PA 12 são algumas das múltiplas graduações. Os dois mais populares são PA 6,6 (o mais usado) e PA 6. Geralmente, as propriedades mecânicas para essas graduações são semelhantes; contudo, quanto menor o número, menor será o ponto de fusão, e também será mais leve.

Embora seja caracterizado por sua força, firmeza, dureza e resistência, o ponto mais vulnerável da poliamida é sua baixa resistência à umidade. Ela reduz sua força e afeta algumas partes, particularmente as que têm paredes finas, em sua estabilidade dimensional.

Imagem: Suporte Trivet Rainbow, de Norman Copenhagen

Produção
É difícil de ser extrusada em virtude de sua baixa viscosidade, porém é bastante adequada para moldagem por injeção convencional. Pode ser transformada em fibras, extrusada em filmes multicamadas para garrafas, e pode ser combinada com materiais, incluindo fibras de vidro para intensificar suas propriedades.

Sustentabilidade
Como um termoplástico, é reciclável. A PA pós-consumida atualmente não é reciclada em grandes quantidades, mas existe material industrial reciclado disponível em alguns fornecedores. As variedades reforçadas com fibras são difíceis de reciclar.

Fontes
Bastante disponível em vários fornecedores.

+	−
– Bastante disponível	– Resistência química limitada
– Resistente a altas temperturas	– Baixa resistência à umidade
– Alta força tensora	
– Baixa fricção	
– Reciclável	

Características
- Baixa fricção
- Excelente resistência à abrasão
- Alta força
- Resistência à alta temperatura
- Combina-se bem com outros materiais
- Pouca resistência à umidade
- Resistência química limitada
- Reciclável

Derivados
- Nylon®
- Perlon®
- Nexylon®
- Grilon®
- Hahl PA®
- Monosuisse PA®
- Enkalon®
- Stanylenka®

Custo
A PA 6 custa US$ 4 por kg.

Aplicações típicas
A variedade reforçada com fibras de vidro pode substituir metais em muitos casos, incluindo partes estruturais em móveis e aplicações mais duráveis, como em equipamentos esportivos. Também é encontrado em tecidos, carpetes, cordas para instrumentos musicais, cintos de segurança, engrenagens e câmeras. As fibras de nylon são usadas em têxteis, como linhas de pesca e tapetes. Os filmes de nylon são usados em embalagens, oferecendo tenacidade e baixa permeabilidade de gás. Sua boa resistência à temperatura permite o uso em embalagens do tipo *boil-in-the-bag* para preparo de alimentos.

PBT *PBT (Tereftalato de Polibutileno)*

À medida que os produtos ficam miniaturizados e a demanda por materiais que atuam em dimensões cada vez mais finas vem crescendo, os fornecedores de plásticos vêm procurando criar materiais para acompanhar essa tendência, sem perder propriedades como a força de torção, que os consumidores esperam de produtos de alta qualidade.

O tereftalato de polibutileno (PBT) é um poliéster resistente, da mesma família que o PET. Suas principais características de desempenho são a força e a firmeza. Outro grande benefício é sua versatilidade devido às gradações disponíveis e a diversidade de aditivos e reforços que pode incorporar na moldagem. Como um material rígido, o PBT não tem a fragilidade observada em plásticos como PP, PS e HDPE. Em vez disso, proporciona materiais ainda mais fortes do que o ABS. Assim, o PBT passa aos usuários a impressão de que os componentes são valorosos e resistentes, mesmo quando moldados com pequenas e finas paredes.

Como um poliéster, o PBT cristaliza rapidamente, o que significa que, durante a moldagem de componentes para gerar produtos, o tempo dos ciclos deve ser relativamente curto e as temperaturas podem ser menores em relação aos outros plásticos de alto desempenho. Ele também é um bom candidato para receber materiais de reforço, como fibra de vidro, para aumentar sua força de tensão. Outra de suas características é a resistência química, a razão principal pela qual é frequentemente combinado com PC.

Imagem: Cadeira Myto, por Konstantin Grcic

Produção

O PBT é moldável a temperaturas menores do que os outros plásticos, levando a tempos de ciclo de produção mais curtos na moldagem por injeção. Também pode ser extrusado e moldado a sopro. Pode ser usado como material de encapsulamento e, em aplicações elétricas, o PBT e os componentes podem ser soldados juntos. Aceita acabamentos relativamente bem, assim como metalização e sublimação de filmes em decorações bastante duráveis. O PBT também aceita aditivos e reforços como minerais e fibras de vidro para aumentar a resistência.

Sustentabilidade

A excelente fluidez significa que o PBT é menos grudento no molde. Com isso, requer menos calor, levando a um processo energeticamente menos intensivo e mais rápido.

Derivados
– Ultradur®
– Crastin®

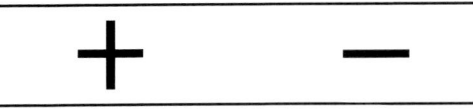

+	−
– Forte e duro	– Relativamente caro se comparado com os plásticos-padrão ofertados no mercado
– Resiste a intempéries	
– Menor tempo de produção	
– Bastante disponível	
– Reciclável	

Custo
US$ 5 por kg.

Características
- Forte
- Excelente rigidez
- Notável tenacidade a impacto
- Excelente resistência ao tempo
- Boa resistência a produtos químicos
- Bom para uso de longa duração em temperaturas altas
- Aceita aditivos e reforços
- Reciclável

Aplicações típicas
Acabamento externo de carros, cobertura de quebra-ventos e limpadores, cabos e suportes de espelho. Na área elétrica, os usos incluem as alavancas de portas de fornos e ferros de passar. Também é o material que o designer sul-coreano Min-Kyu empregou em seu premiado *plug* elétrico dobrável.

Fontes
Bastante disponível em múltiplos fornecedores.

PC

PC
(Policarbonato)

Existem muitos materiais com alta transparência, porém combine essa qualidade com resistência e dureza e o mais disponível e adequado será o policarbonato. O PC é um plástico alternativo para o vidro, em aplicações tão variadas como painéis transparentes e recipientes de bebidas. A indústria de bebidas tem visto o PC como um material que pode substituir a vidraria tradicional em vários ambientes públicos com bebida nos quais os crimes cometidos com garrafas quebradas constituem um sério problema de segurança. É um dos termoplásticos mais duros, e essa dureza é combinada com uma excelente transparência, além de algum grau de resistência ao risco. Porém, quem já colocou um objeto de PC em lavadora de pratos irá lhe dizer que não precisa muito para ele ficar com aparência de coisa bem usada. Uma das vantagens do PC é sua facilidade de se combinar com outros plásticos, como o ABS ou o PET, para aumentar a dureza desses materiais adicionados.

Cada vez mais, o PC tem sido associado com o BPA, um estrógeno sintético com potencial efeito sobre a atividade hormonal, que tem sido usado como ingrediente para aumentar sua dureza. O BPA pode lixiviar do material durante o uso e também pelo desgaste natural quando é esfregado e forçado. Isso pode até acontecer com produtos que estão em contato com alimentos, como as mamadeiras.

Imagem: Rack para revistas Front Page, por Kartell

Produção
Está disponível em vários graus, mas como material-padrão ele é usado para produção em massa, com alto volume, por meio de moldagem por injeção, extrusão, sopro e espuma. Todos esses processos estão bastante disponíveis em máquinas padronizadas. Também é um material disponível na forma de lâmina extrusada, que é frequentemente usada para cobertura. Estas não são apenas lisas, mas podem formar estruturas.

Sustentabilidade
O policarbonato, como todo termoplástico, pode, se não estiver misturado com fibras, ser novamente fundido e reutilizado (ele é identificado pelo símbolo de reciclagem número 7). Uma das características fundamentais do policarbonato é sua habilidade de suportar altas temperaturas; contudo, o lado ruim disso é que acaba exigindo mais energia para ser processado.

+	**−**
– Muito versátil	– O processo faz uso intensivo de energia
– Fácil de trabalhar	
– Resistente e duro	– Possíveis problemas com biocompatibilidade
– Excelente transparência	
– Bastante disponível	
– Reciclável	

Fontes
Bastante disponível, com muitos fornecedores no mercado global.

Derivado
Lexan®

Características
• Processamento versátil
• Muito rígido
• Excelente transparência
• Razoável dureza
• Alta temperatura de operação
• Reciclável

Aplicações típicas
Combinado com ABS, proporciona resistência contra impacto às tampas de telefonia móvel. Sua transparência o torna adequado para janelas resistentes a quebras. A consistência é adequada para visores em capacetes e máscaras de segurança. É o material com que são feitos o CD e DVD, e foi usado no exterior da primeira geração do iMac, que se tornou um ícone.

Custo
US$ 4,50 por kg.

PEEK *PEEK (Poliéter-Éter-Cetona)*

Os materiais e suas aplicações estão em estado de constante agitação: metais substituindo plástico, plásticos substituindo madeira, cerâmica substituindo plástico etc. Os materiais "bandidos" estão sequestrando propriedades que são mais comumente encontradas em outras famílias de materiais e usando-as em produtos.

No topo da árvore da família de polímeros, com propriedades que estão além da engenharia convencional, está um grupo de ultrapolímeros. Esse grupo abrange materiais que são relativamente incomuns em design, como as sulfonas, poliamida-imidas e poliéter-éter-cetonas (conhecidas mais comumente como PEEK). Esses plásticos, que têm propriedades que superam a maioria das características físicas e mecânicas dos outros plásticos, ocupam lugar de ponta em desempenho, com detalhes que lhes permitem infiltrar em aplicações tradicionalmente feitas com metais.

Não há muitas aplicações onde você poderia ver de fato esse material e admirar suas propriedades. Considerado como um polímero de alto desempenho, o PEEK tem uma longa lista de propriedades que o torna adequado para uma variedade de aplicações de alta tecnologia. Essas propriedades estão associadas à elevada rigidez e resistência química, que, ao contrário dos outros plásticos, se mantêm mesmo em altas temperaturas. Como resultado dessas propriedades, o PEEK confirma sua natureza superior sendo usado como substituto do alumínio e de outros metais em indústrias.

Imagem: Plástico de PEEK aditivado com nanotubos de carbono, produzido pela Solvay

Produção

Embora existam outros plásticos com características de alto desempenho, a vantagem do PEEK é que pode ser trabalhado usando-se o maquinário convencional de moldagem. Ele oferece vantagens sobre os metais convencionais forjados em baixas temperaturas, como o zinco, o alumínio e o magnésio, que envolvem maior custo material e reduzem o tempo de vida dos moldes. Recentemente foram anunciados pela Victrex, produtor líder de PEEK, coberturas e filmes desse material. Na forma de filme, o material (disponível em espessuras de 6 a 750 mícrons) é usado em diafragmas de microfones em telefonia móvel, que precisam suportar altas temperaturas durante o processo de manufatura. Como cobertura, ele é aplicado em uma variedade de substratos metálicos para aumentar a resistência química.

Sustentabilidade

O PEEK é um dos polímeros mais puros e estáveis, que não contém aditivos que possam ser liberados durante o processo de moldagem. Isso também o torna adequado para ser implantado no corpo, em aplicações médicas.

+	−
– Fácil de processar	– O alto custo limita sua aplicação em componentes de engenharia de alto desempenho
– Robusto e durável	
– Biocompatível	
– Bastante disponível	
– Resistente à radiação	
– Reciclável	

Derivados
O PEE também está disponível em uma variedade de especificações contendo vidro ou carbono. A Sefar, na Suíça, tem produzido tecidos baseados em PEEK.

Aplicações típicas
Seu alto custo significa que as aplicações tendem a ser limitadas a componentes de engenharia que requerem alto desempenho estrutural e propriedades mecânicas, como suportes, mancais, coberturas, tubos de proteção e conectores elétricos. Também é usado na indústria médica porque pode ser continuamente esterilizado e é biocompatível. Uma nova aplicação que está sendo explorada é o uso do PEEK como substituto de metal para engrenagens em caixas de engrenagens, para reduzir o ruído do motor. Como filme, ele também é usado no isolamento acústico de interiores de aviões. Na indústria de alimento, é usado em embalagens assépticas, que precisam ser esterilizadas a temperaturas altas o bastante para eliminar bactérias. Contudo, para uma aplicação mais visível ao consumidor, o PEEK tem sido usado como recipiente interno de panelas elétricas de arroz, que são feitas tradicionalmente de alumínio e, portanto, susceptíveis à corrosão.

Custo
Alto, US$ 100 por kg.

Fontes
Bastante disponível, com múltiplos fornecedores no mercado global.

Características
- Processamento versátil
- Mantém suas propriedades até 300 ºC
- Excelente durabilidade e resistência à fadiga
- Excelente resistência química
- Resistência à radiação
- Reciclável

PF

PF
(Fenol-Formaldeído ou Fenólico)

O plástico de fenol-formaldeído traz de volta a sensação dos "velhos tempos". Seu tom marrom semibrilhante me lembra o comércio de tralhas, onde produtos baratos de segunda mão ficam encostados por um tempo, até que a moda os torna desejáveis de novo. Mas não é algo que possa acontecer com este plástico do passado.

Desenvolvido por L. H. Baekeland em 1907, o fenol-formaldeído foi um plástico termofixo pioneiro; ele prenunciou a era do plástico que iria definir o século. Hoje, os plásticos de formaldeído têm aplicações limitadas, devido à grande variedade de processos e alternativas que podem ser usados para esses materiais termoplásticos.

Em primeiro lugar, a linguagem visual do fenol-formaldeído foi tomada emprestada de outros materiais, tentando replicar a madeira ou produtos de cerâmica em sua superfície marrom-escura. Apenas na metade do século XX novos plásticos seriam desenvolvidos, com maior facilidade de manufatura em cores brilhantes, em vez do visual escuro da baquelite.

Da mesma forma que os primeiros plásticos, a baquelite também desfrutou de *status* social. Em termos de aplicações, pode ser comparado com a ureia-melamina-formaldeído e com ureia-formaldeído, neste caso sem as cores que a melamina oferece.

Imagem: Cabo da panela Le Creuset

Produção
Como plástico termofixo, tem potencial de processamento limitado. Contudo, pode ser moldado por compressão e está disponível como resinas forjadas, que podem ser trabalhadas ou esculpidas nos formatos desejados. Ao contrário da maioria dos termoplásticos, pode ser moldado com espessuras variadas de paredes.

Sustentabilidade
Como todos os plásticos termofixos, o fenol-formaldeído não pode ser novamente fundido e reprocessado.

Fontes
Disponível em múltiplos fornecedores globais.

+

- Baixo custo
- Inflexível e resistente
- Excelente estabilidade dimensional
- Bastante disponível
- Não tóxico

−

- Cores limitadas
- Pode ser quebradiço
- Não é reciclável

Derivados
– Bakelite®
– Novotex®
– Oasis®

Características
• Excelente resistência química
• Excelente isolamento elétrico
• Disponibilidade limitada de cores
• Excelente resistência ao calor
• Excelente dureza
• Alta resistência a impacto
• Excelente estabilidade dimensional
• Quebradiço se moldado em paredes finas
• Não é reciclável

Aplicações típicas
Atualmente, o uso do fenol-formaldeído
para bens de consumo é limitado a poucas
aplicações. Estas incluem as espumas da marca
Oasis para arranjo de flores, conexões para
painéis laminados de madeira, bandejas, tampas
de frascos de perfume, bolas de boliche, cabos
de panela, alavancas de portas, adaptadores e
interruptores domésticos e ferros a vapor.

Custo
Barato, US$ 2 por kg.

PCL
PCL (Policaprolactonas)

Policaprolactonas compreendem uma variedade de plásticos termoprocessados ou termomoldados que têm características surpreendentes. Em um certo sentido, sua gama de propriedades repelem muitos dos preconceitos tradicionais sobre os plásticos: primeiro, que a maioria dos plásticos requer muito calor e pressão para moldar; que precisam de ferramentas caras de aço para cortar; que não são biodegradáveis; e que não são compatíveis para uso no interior do corpo. As policaprolactonas, contudo, são um grupo de plásticos que mais parecem um material sensorial e tolerante, uma característica baseada primariamente em sua temperatura de fusão, que é muito menor que a de outros plásticos. Essa qualidade dá às policaprolactonas uma personalidade mais próxima de um pedaço de massa plástica para crianças brincarem do que um material de produção em massa.

É essa baixa temperatura de fusão que é seu detalhe mais notável. Fundir entre 58-60 ºC significa que as policaprolactonas mudam de estado em um copo de água quente, formando uma goma plástica, macia, que pode ser puxada, esticada e moldada. Quando ela esfria e volta à temperatura ambiente, pode ser trabalhada a máquina, furada e cortada até ser colocada de volta em água quente, quando ela funde novamente. Como resultado, é um plástico que encontrou um lar tanto na sala de aula como na fábrica. Esse material leva os plásticos a uma nova direção; um lugar onde podem ser trabalhados com as mãos, de uma maneira que está mais próxima da culinária do que qualquer outra coisa no mundo da produção em massa.

Imagem: Cadeiras Amateur Masters, de Jerszy Seymour

Produção

As policaprolactonas são obtidas como grânulos ou pó e podem ser processadas por métodos-padrão para termoplásticos: moldagem por injeção, extrusão e calandragem para produzir filmes. Também podem ser usadas como adesivos. Sua característica mais notável é a baixa temperatura de fusão, que permite que seja formada manualmente, uma vez que os grânulos tenham sido fundidos em água quente. Essa qualidade possibilita obter paredes sólidas mais espessas, o que é geralmente difícil de conseguir com injeção em molde. Pode ser usinada com máquinas de corte-padrão, depois de adquirir dureza à temperatura ambiente.

Sustentabilidade

Existem duas vantagens deste plástico em relação ao meio ambiente. A primeira é a baixa temperatura de fusão, o que significa que o seu processamento demanda menor energia; e a segunda, o fato de ser biodegradável.

+	–
– Muito fácil de formar em temperaturas baixas	– Derivado do petróleo, e não de fonte renovável
– Biodegradável	
– Excelente força e resistência	
– Reciclável	

Aplicações típicas
As policaprolactonas podem ser combinadas com PET, em cintos de segurança para aumentar o amortecimento e a flexibilidade. Têm sido usadas com sucesso para fazer sacos de lixo na Coreia, e como um adesivo em solas de sapato, em embalagens laminadas e para colar têxteis. Sua baixa temperatura de fusão e facilidade de moldagem possibilita substituir o gesso tradicional em aplicações médicas para fratura e molde dentário, permitindo a conformação de camadas amolecidas ao redor do osso quebrado. Também pode ser calandrada como filme para uso em embalagem de contato direto com alimento, e para fazer protótipos, formas para moldagem a vácuo e para fundição.

Derivados
– InstaMorph®
– ShapeLock®
– PolyMorph®
– Plastimake®
– Protoplast®

Custo
US$ 6,20-7,80 por kg.

Características
• Pode ser trabalhada a temperaturas reduzidas
• Não tóxica
• Biodegradável
• Adere facilmente a outros materiais
• Bastante forte
• Boa resistência à abrasão
• Boa resistência ao UV
• Reciclável

Fontes
Bastante disponível.

POM
POM
(Polioximetileno)

A primeira coisa a ser explicada é que existe uma descrição mais curta e simples para os polioximetilenos: acetais. A segunda coisa é que, ao contrário de outros plásticos que terminam em "eno", por exemplo, poliestireno, polietileno e polipropileno, os acetais são polímeros de engenharia, o que significa que são materiais com características superiores, particularmente em áreas onde podem ser pensadas como alternativas para o nylon. Você perceberá a importância disso quando lembrar que o nylon é usado como alternativa para metais.

Essa força e resistência justificam uma das aplicações dos acetais que você encontra no dia a dia: naqueles clipes usados para prender as alças de mochilas e pastas. O bom molejo ou flexibilidade é a qualidade que permite, até um certo ponto, que substitua metais para aplicações desse tipo. É também o que torna esse material adequado para palhetas de guitarras. Para perceber com o ele se parece, pense em outra aplicação bastante usada, que são as lanternas de bolso de plástico opaco, com sua superfície levemente oleosa.

Imagem: Paleta de guitarra, por Dunlop

Produção
Técnicas padrões empregadas para termoplásticos.

Sustentabilidade
Por ser um termoplástico, o POM é reciclável, porém no presente, isso não tem sido feito em larga escala.

Detalhes importantes
- Autolubrificante
- Superfície engordurada
- Excelente força de flexão
- Excelente resistência química
- Fraco bloqueador de UV
- Baixa limpidez
- Reciclável

+	–
– Bastante disponível	– Só disponível em graus opacos
– Baixa fricção	
– Forte e flexível	– Requer o uso de aditivo se for exposto ao UV
– Reciclável	

Custo
US$ 3,70 por kg.

Derivados
– Ultraform®
– Delrin®
– Celcon®
– Hostaform®

Fontes
Bastante disponível em múltiplos fornecedores globais.

Aplicações típicas
As propriedades de baixa fricção do POM tornam o material uma boa escolha para aplicações em partes móveis, como esteiras, rodas e outros componentes mecânicos. O material é usado frequentemente por sua habilidade de se flexionar e voltar de novo à forma inicial, repetidamente. Por isso o POM é um bom candidato para substituir metais em muitas aplicações. Precisa de inibidor de UV para aplicações que ficam expostas à luz do dia.

PPSU *PPSU (Polifenilsulfona)*

Os designers estão geralmente familiarizados com a classificação dos plásticos sob o nome de termoplásticos – significando que os plásticos podem ser fundidos e remoldados – e de termofixos – significando que não podem ser novamente fundidos. Contudo, vale a pena entender a hierarquia estrutural dos polímeros do tipo *commodities* (produtos primários), de engenharia (uso corrente) e de alta performance, ou ultrapolímeros. Quanto mais alto estiver nessa pirâmide, mais especializadas e sofisticadas serão suas propriedades. Embaixo você irá encontrar os plásticos mais básicos, e, no topo, a polifenilsulfona (PPSU), um plástico de alta performance para aplicações mais específicas.

Em muitas instâncias, os plásticos estão tomando o lugar dos metais. Por exemplo, a indústria médica requer materiais e produtos que sejam fortes, resistentes à esterilização e que possam ser moldados em formas complicadas. O aço inoxidável tem sido tradicionalmente o material de escolha, pois é resistente à corrosão e ao desgaste, qualidades que permanecem insuperadas há um longo tempo. Contudo, ele também tem limites, pois não é fácil convertê-lo em formas complexas. As polifenilsulfonas são plásticos e termoplásticos caracterizados pela boa transparência, rigidez e estabilidade em altas temperaturas. Este tipo de material suporta ambientes agressivos, com temperaturas de até 207 ºC. Na forma natural eles são estáveis e autoextinguíveis, quando outros materiais precisam de modificadores para oferecer isso.

Imagem: Bandeja cirúrgica da MacPherson Medical

Produção
As resinas de PPSU podem ser moldadas usando-se técnicas-padrões para plásticos. Elas também estão disponíveis em folhas, para serem moldadas termicamente.

Sustentabilidade
Reciclável.

Custo
Alto custo, embora a Solvay, que é o fabricante do Radel®, considere o Acudel® (um PPSU modificado) uma opção de melhor custo-benefício para aplicações que forem menos exigentes.

+	**—**
– Fácil de processar	– O alto custo
– Forte e rígido	limita seu uso
– Resistente a temperaturas muito altas	para aplicações especializadas
– Resistente a produtos químicos	– Baixa resistência
– Reciclável	ao UV

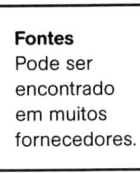

Fontes
Pode ser encontrado em muitos fornecedores.

Características
- Resiste a altas temperaturas
- Boa resistência química
- Alta resistência a impacto
- Boa transparência
- Rígido
- Biologicamente inerte
- Pouca emissão de gases tóxicos
- Facilmente processado
- Compatível com alimentos

Derivados
- Radel®
- Quadrant®
- Ultrason® P

Aplicações típicas
Como já mencionado, um grande número de aplicações está na indústria médica: itens como bandejas e equipamentos cirúrgicos, cabos e componentes, que precisam ser continuamente esterilizados e que resistam a serem jogados. Contudo, o PPSU também é usado extensivamente em assentos na indústria aeronáutica, proporcionando baixa liberação de calor e fumaça ou emissão de gases tóxicos.

PS

PS
(Poliestireno)

Apesar da transparência cristalina, o poliestireno não é um material que sugere qualidade. Pense no som farfalhante da bandeja em uma caixa de chocolate, ou no *kit* de modelo aéreo Airfix. É um plástico que está em nosso pensamento da mesma maneira que o PVC e o politeno estão. Assim como o poliprolileno e o politeno, ele tem baixo custo e é fácil de processar.

Uma de suas maiores características é sua transparência límpida como a água; pense nos pequenos compartimentos que existem no refrigerador, ou então nas canetas BIC, consideradas verdadeiros ícones. É também bastante duro e aceita bem a cor, e, se você considerar quão finas são as paredes de um copo descartável, poderá ter uma ideia real de sua rigidez. Embora não tenha tantas variações como o polietileno, o poliestireno é encontrado em várias gradações. O poliestireno de alto impacto (HIPS), por exemplo, resulta da adição de partículas de borracha para aumentar a força.

Na família dos estirenos também estão incluídos compostos como ABS, SAN e SMA, que melhoram as propriedades para torná-las compatíveis em aplicações da engenharia. Nesta família também está o poliestireno expandido, um plástico com visual completamente diferente do poliestireno-padrão, e que forma o tipo de espuma que você encontra quando tira sua TV nova da caixa.

Um dos reúsos mais interessantes dos copos de poliestireno convencionais foi feito pela Remarkable Pencils. Essa empresa coleta e recicla milhares de copos descartados nos bebedouros, convertendo-os em chamativos lápis coloridos.

Imagem: Cadeira cintilante, de Marcel Wanders, para a Magis

+

– Facilmente moldável
– Excelente transparência
– Boa rigidez e resistência
– Bastante disponível
– Reciclável

–

– Pode ser quebradiço na forma pura

Produção

Como matéria-prima, o PS pode ser processado por todas as técnicas convencionais, incluindo moldagem por injeção, moldagem térmica, transformação em espuma etc. Na forma pura é bastante quebradiço; misturando-o, sua força aumenta mas a transparência óptica se reduz.

Sustentabilidade

Como a companhia Remarkable tem demonstrado, o PS é um dos plásticos mais reciclados atualmente. Ele é identificado pelo número 6 nos símbolos de reciclagem.

Aplicações típicas

Devido ao seu baixo custo e facilidade de processamento, ele tem um grande número de usos, por exemplo, em talheres descartáveis, copos, pratos e embalagem de alimento. Outras aplicações incluem caixas de CD, canetas BIC e estiletes, compartimentos de refrigeração, *kits* de modelos Airfix, que exploram a vantagem de sua consistência, e, é claro, as bandejas de caixas de chocolate. O poliestireno expandido é usado como material de embalagem e isolante térmico.

Custo

US$ 2 por kg. O PS é um dos plásticos transparentes mais baratos.

Derivados
– HIPS (*high-impact polystyrene*)
– EPS (*expanded polystyrene*)
– ABS (*acrylonitrile butadiene styrene*)
– SAN (*styrene acrylonitrile*)
– SMA (*styrene maleic anhydride*)

Características
• Processamento versátil
• Naturalmente frágil
• Excelente transparência
• Boa rigidez
• Baixa taxa de contração
• Reciclável

Fontes
Bastante disponível em inúmeros fornecedores em global.

PTFE *PTFE (Politetrafluoretileno)*

Descoberto nos anos 1930 por acidente – como é o caso de tantos plásticos –, o PTFE tornou-se um dos plásticos mais famosos da história. Uma das formas mais simples de lembrar do PTFE é pensando no Teflon® da DuPont, uma palavra que se tornou sinônimo de não aderente, e um nome que entrou para o vocabulário doméstico. Com esse referencial, não é difícil de adivinhar que sua principal propriedade é ser autolubrificante. Além de ser superescorregadia, é extremamente resistente a produtos químicos, mesmo em altas temperaturas.

Tendo dito isso, também oferece o inconveniente de, ao contrário dos outros materiais comentados neste livro, ser extremamente difícil de processar pelas técnicas convencionais de moldagem. Contudo, isso não o impediu de se tornar largamente usado como revestimento em todo tipo de aplicação, incluindo tecidos como a Gore-Tex® e como o principal constituinte da estrutura da tenda da Cúpula do Milênio (*Millennium Dome*).

Para criar formas sólidas, usa-se um processo denominado extrusão a pilão (ou *ram extrusion*), que permite a manufatura de tubos, bastões e segmentos. O PTFE em pó é alimentado em um cano ou cachimbo extrusor, comprimido por um pilão e transportado através do cano, que é aquecido até a temperatura de sinterização, gerando um extrusado contínuo.

Imagem: Fio dental

Produção
Ao contrário de muitos outros plásticos, os PTFEs não podem ser moldados por injeção devido à alta viscosidade da resina; como resultado, os formatos sólidos são difíceis de obter. Contudo, eles podem ser moldados por compressão e extrusados por meio de um pilão. Entretanto, em suas principais aplicações, ele é borrifado até formar uma película delgada.

Sustentabilidade
Recentemente, têm surgido relatos e processos judiciais denunciando a presença do ácido perfluorooctanoico (PFOA), usado como agente importante no processamento de alguns PTFEs, como um potencial agente carcinogênico. Ele tem sido encontrado no ambiente e em organismos marinhos.

+	**−**
– Excelente resistência ao calor	– Difícil de processar para gerar formatos sólidos
– Propriedades não aderentes	– Alguns PTFEs usam agentes carcinogênicos no processamento
– Bastante disponível	

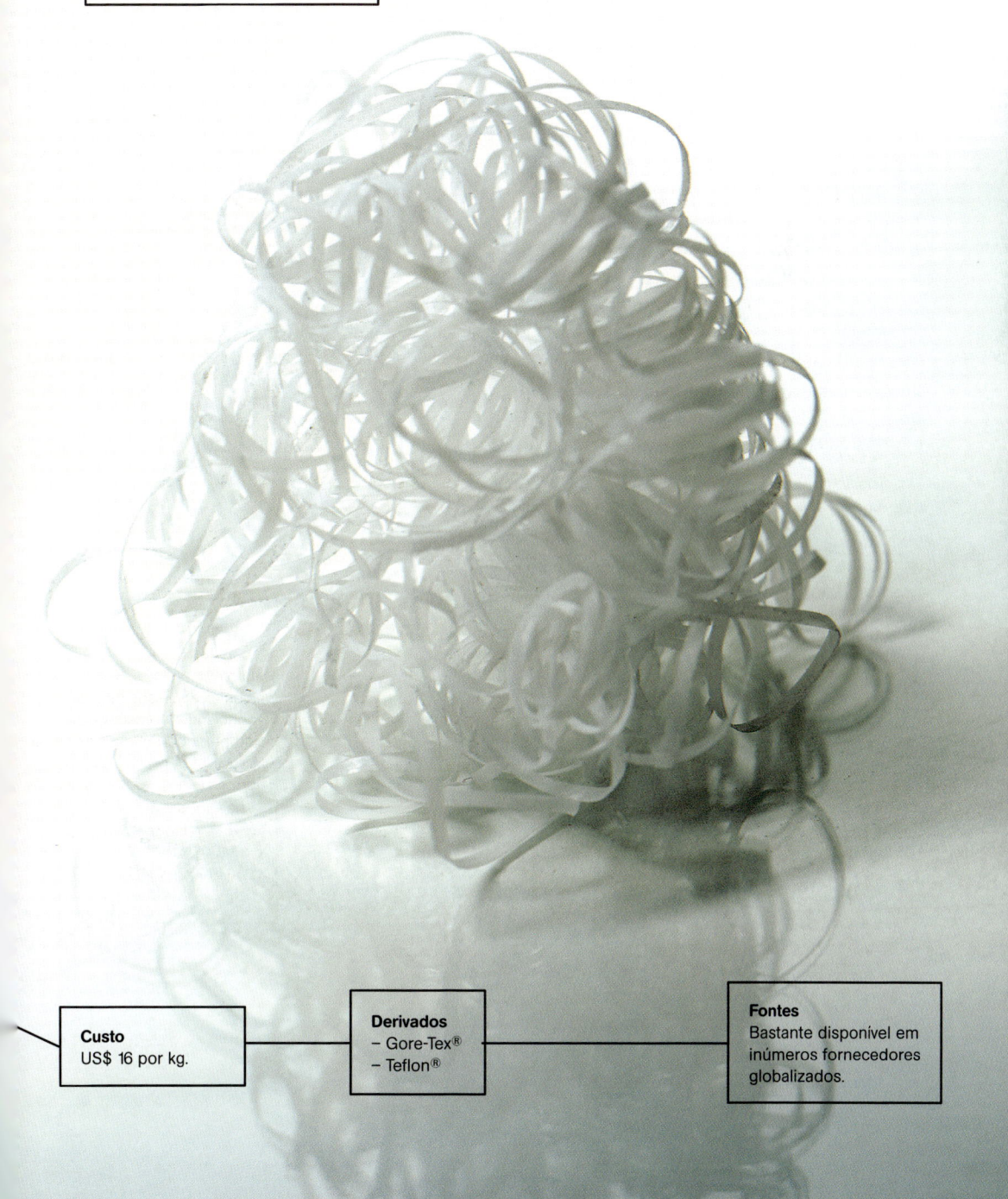

Aplicações típicas
Além do Teflon®, aplicado em tecidos e panelas, também tem sido usado em revestimentos e adaptadores para equipamentos químicos, tubos, filmes, folhas, fitas, como cobertura na parte deslizante do ferro de passar e aditivo no encerado de esqui.

Características
• Resistência excelente
• Não aderente
• Excelente resistência química
• Excelente resistência ao UV
• Não inflamável
• Moldagem especial
• Compatível com alimentos

Custo
US$ 16 por kg.

Derivados
– Gore-Tex®
– Teflon®

Fontes
Bastante disponível em inúmeros fornecedores globalizados.

Silicone *Silicone*

Quando se trata do silicone, estamos falando de um "melhorador e capacitador" de materiais, em vez de um material específico. Ele utiliza um ingrediente fundamental, que é o silício, um dos elementos mais abundantes do planeta. O silicone valoriza uma gama de aplicações que fazem uso de suas propriedades, as quais incluem resistência à temperatura e o toque suave, quente, como uma borracha. Um produto inovador que utiliza as propriedades do silicone é o Sugru: um material moldável e autoajustável, que pode ser adaptado aos produtos existentes, para dar uma pegada confortável, não escorregadia.

A extrema versatilidade dos silicones significa que eles podem ser formulados para melhorar a funcionalidade de quase tudo, de tinturas e tintas para tecidos a revestimentos e, é claro, a borracha de silicone. Os silicones também podem ser combinados com outros materiais para melhoria de desempenho. Em 1943, cientistas da Corning Glass e Dow Chemical começaram a produzir borracha de silicone feita de carbono, hidrogênio, oxigênio e silício. O material tem uma longa lista de propriedades impressionantes: é incrivelmente flexível e tátil; sua aparência pode variar de tons translúcidos aquáticos a cores completamente opacas; sua faixa de temperatura de trabalho é fenomenal, pois vai de –100 ºC a +250 ºC. O silicone também é quimicamente inerte e, com sua flexibilidade, torna-se adequado para muitas aplicações médicas, incluindo próteses e assentos ortopédicos.

Imagem: Borracha de silicone da Sugra

Produção
Os silicones podem ser moldados por injeção, extrusados, calandrados, moldados a sopro e por rotação e aplicados como tintas.

Sustentabilidade
Não é reciclável ou biodegradável, mas é adsorvido por sólidos floculantes em sistemas de tratamento de águas de descarte.

Características
- Moldagem difícil
- Excelente resistência química
- Excelente resistência ao calor
- Excelente flexibilidade
- Aceita cores facilmente
- Caro, em termos comparativos
- Absorve impacto
- Não é reciclável

+	−
– Extremamente versátil	– Caro, em termos comparativos
– Excelente resistência ao calor e produtos químicos	– Pode ser difícil de moldar
– Ampla variedade de técnicas de produção	– Não reciclável
– Bastante disponível	

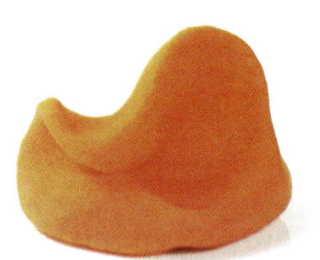

SMMA
SMMA
(Estireno Metil Metacrilato)

Transparência é uma propriedade sedutora. Se você já viu um artesão trabalhando com vidro, entenderá o que eu digo: bolas maciças, límpidas, misturando, dobrando, torcendo e fundindo de forma hipnótica. Porém, transparência também pode significar ser honesto – tudo fica exposto atrás de um material límpido. A Apple usou policarbonato transparente em seus primeiros iMacs para mostrar o potencial decorativo da tecnologia que está por trás dos produtos, combinando com cores exóticas para camuflar alguns detalhes dos componentes. Observe o coletor de sujeira totalmente transparente usado no aspirador da Dyson. Ele assegura que a sujeira está contida no recipiente fechado e que seu lar está limpo.

O SMMA pertence à família dos polímeros do estireno, que inclui o poliestireno, ABS e SAN, e frequentemente é visto como alternativa a outros plásticos como PMMA, PC, PET e SAN. Uma vantagem do SMMA é sua facilidade de processamento e, portanto, tem uma vantagem de custo sobre o que poderia ser seu concorrente mais próximo, o acrílico ultralímpido. Isso é facilitado pela baixa temperatura de processamento em fusão do SMMA, e menor temperatura do molde, comparado com materiais mais rígidos, como PC e ABS transparente.

A baixa densidade do SMMA significa ter mais rendimento por quilograma de resina, e sua menor contração após a moldagem resulta em menor reprocessamento dos moldes. O SMMA é notável porque está na categoria dos plásticos transparentes e oferece vantagens no processamento, em relação aos outros plásticos transparentes.

Imagem: Filtro de água da Brita

Produção

O SMMA pode ser processado como outros materiais termoplásticos por moldagem por injeção, extrusão, e moldagem a sopro. Os custos energéticos e de trabalho podem ser diminuídos, e os tempos para reciclagem podem ser aumentados em aproximadamente 50% em comparação com outros plásticos transparentes, por causa da combinação de uma menor temperatura de fusão e de moldagem. Ele também pode ser soldado usando-se diversos métodos, como placa quente, ou aplicação de ondas de alta frequência ou ultrassom.

Sustentabilidade

Ciclagem mais rápida, menor densidade e menor temperatura de fusão do SMMA oferecem vantagens significativas em termos do conteúdo energético associado a esse polímero.

Características
- Processamento versátil
- Excelente rigidez
- Excelente transparência
- Assimila cores e decoração facilmente
- Baixa densidade
- Boa resistência química
- Compatível com alimentos
- Reciclável

+	−
– Transparência excelente	– Caro, em termos comparativos
– Bom para formas complexas	
– Aceita bem as cores	– Pouca resistência ao UV
– Boa resistência química	
– Aprovado para uso em alimentos	
– Reciclável	

Custo
Comparativamente barato, usado com frequência como substituto mais em conta para o acrílico.

Derivados
– Acrystex®
– Zylar®

Aplicações típicas
O SMMA tem seu maior mercado em aplicações que combinam transparência, rigidez e formas complexas que requerem uma boa fluidez do plástico. Dessa forma, as aplicações típicas incluem copos com paredes finas, tampas com formatos inusitados para frascos de perfume, cabos de torneira, jarros de filtro de água, suportes transparentes de casacos e uma variedade de aplicações médicas, incluindo dispositivos de sucção.

Fontes
Bastante disponível.

TPE
TPE (Elastômeros Termoplásticos)

Quantos designers sabem exatamente como é uma superfície de dureza Shore 55? Ou o que significa uma condutividade de 0,18 W/mK? Um grande problema que os designers enfrentam é entender as diferenças entre os materiais plásticos, com essa terminologia abstrata. Os plásticos são nomeados pelos químicos para representar ou classificar uma estrutura molecular, em vez de expressar seus usos e funções.

O termo "elastômero termoplástico" e a abreviação trivial, TPE, não informam que se trata de um material extremamente versátil, repleto de possibilidades para o designer explorar. Os TPEs são táteis, com uma excelente pegada semelhante à borracha e são resistentes à temperatura, o que os torna adequados para todos os tipos de utensílios de cozinha. Também são resistentes a impacto, conferindo um caráter robusto destacado para os produtos.

Os TPEs também entram na discussão sobre os materiais como fonte de novas experiências para o consumidor. O design industrial contemporâneo é dominado pelo desejo de incluir nos produtos experiências que ajudam a criar novas relações produto-consumidor. Eu gosto dos variados produtos da OXO, que fazem dos TPEs heróis em sua categoria por proporcionarem uma boa pegada. Esse tipo de experiência com o material pode fortalecer a marca pela sensação transmitida, além de convencer pela tolerância ambiental e outros atributos da marca.

Imagem: Descascador de vegetais GoodGrips® da OXO

Produção
Os TPEs podem ser moldados usando-se extrusão convencional, ou a sopro, ou moldagem térmica e por injeção. Neste último método, é particularmente relevante considerar os processos de injeção em duas etapas, ou por moldagem por inserção. Os TPEs podem ser controlados para oferecer uma variedade de graus de dureza, como o grau Shore 55A, que é igual ao da palma da mão, até graus muito mais firmes. Eles podem ser usados na modificação dos termoplásticos tradicionais, para melhorar a força de impacto.

Sustentabilidade
Uma produção altamente efetiva significa ciclos de trabalho mais curtos, redução de energia e menos descartes. Os TPEs são recicláveis.

Características
- Fácil de ajustar as cores
- Toque sedutor
- Excelente flexibilidade
- Absorvente de choque
- Relativamente caro
- Resistente ao UV
- Reciclável

+	**−**
– Versátil	– Custo relativamente alto da matéria-prima
– Boa sensação e pegada	
– Flexível	– Menos durável que outros elastômeros competitivos
– Absorve impacto	
– Altamente disponível e reciclável	

Aplicações típicas
Os TPEs têm uma variedade de usos altamente funcionais, que variam de selos no interior das tampas de garrafas e janelas de carro a embalagens e cabos usados para tudo, desde ferramentas elétricas a escovas de dente.

Derivados
– Monprene®
– Tekbond®
– Telcar®
– Elexar®
– Tekron®
– Hybrar®

Fontes
Bastante disponível em múltiplos fornecedores no mercado global.

Custo
Relativamente caro: US$ 20 por kg. Contudo, o alto custo da matéria-prima pode ser compensado pelo menor custo de produção.

UF *UF (Ureia Formaldeído)*

Solidez, um toque quente e alta densidade são as características que resumem as propriedades do polímero de ureia-formaldeído. A ureia, composto rico em nitrogênio eliminado na urina, leva a um produto plástico quando condensado com formaldeído. Parte desse processo produz um líquido solúvel em água, que é usado em adesivos e revestimentos, particularmente na fabricação de produtos de madeira prensados, como a placa de fibra de vidro de densidade média (MDF). A parte final do processo leva a uma resina resistente à água e produtos químicos para moldagem plástica.

Sendo termofixo, ele foi um dos primeiros materiais a substituir a baquelite, pois, ao contrário dela, podia ser moldado e produzido em enorme variedade de cores. Devido ao seu peso e à sua aparência geral tem alto valor percebido. Os atributos da resina de ureia-formaldeído incluem uma alta força de tensão, flexibilidade e temperatura de deformação, além de baixa absorção de água, alta dureza superficial e resistência a quebra.

O assento de banheiro mostrado aqui é da Celmac, que utilizou a ureia-formaldeído para obter qualidades de durabilidade e resistência, e também porque ela oferece o benefício adicional de apresentar, naturalmente, propriedades higiênicas.

Imagem: Celmac toilet seat

Produção
Como um produto de moldagem, ele é forjado por compressão. Também pode ser injetado, mas com uma eficiência limitada, e geralmente na presença de aditivos.

Sustentabilidade
Como todos os termofixos, a ureia-formaldeido não pode ser fundida e moldada novamente. Portanto não é reciclável convencionalmente. Foram levantadas preocupações nas décadas passadas sobre a liberação de formaldeído das cavidades da espuma de isolamento em paredes, provocando problemas de saúde. Desde então, a espuma foi substituída pela melamina-formaldeído e outra UF de baixa emissão.

+ —

+	—
– Boa resistência química, ao calor e a manchas	– Não é reciclável
– Dura e forte	– Em algumas aplicações pode liberar formaldeído no ar e causar problemas de saúde
– Aceita bem as cores	
– Vale o que custa	

Fontes
Disponível em muitos fornecedores.

Custo
Baixo custo em relação aos termofixos de melamina. US$ 1 por kg.

Características
- Excelente resistência química
- Excelente isolamento elétrico
- Aceita bem as cores
- Excelente resistência a manchas
- Excelente resistência ao calor
- Quente ao toque
- Excelente dureza

Aplicações típicas
Placas de chaveamento elétrico, caixas de junção, assentos de banheiros, tampas e fechos para vidros de perfume, botões, adesivos e maçanetas de porta. Também pode ser convertida em espuma para uso como isolamento em prédios, e é usada extensamente em laminados.

EPP *EPP*
(Espuma Expandida de Polipropileno)

Colocado confortavelmente no espaço existente entre a caixa de papelão e o produto, existe um material sólido, de baixa densidade, que, embora seja frequentemente usado em embalagens, tem uma variedade de usos além da vida curta das caixas.

A qualidade singular que o polipropileno expandido tem a oferecer ao mundo dos materiais é sua estrutura aerada, que pode ser controlada, levando a uma variedade de densidades até chegar a um bloco leve, porém sólido e espesso. A grande desvantagem é que, como o poliestireno expandido (EPS), sua principal aplicação, e a mais visível, é em materiais de embalagem baratos e transitórios. Embora o poliestireno e o polipropileno não sejam os únicos materiais que formam espuma, eles merecem atenção especial por serem usados de forma intensa.

Ambos podem ser conformados para obter paredes sólidas, de grande espessura e receber grafismo na superfície. O EPP também pode ser colorido e impresso com padrões de superfície. Também pode ser disponibilizado em diferentes combinações de cores, no mesmo material, dando um efeito mosqueado, multicolorido. Além dos componentes isolados e produtos, os produtores também têm desenvolvido tecnologias nas quais o EPP pode ser moldado diretamente nos compartimentos de outros componentes, reduzindo o tempo de montagem e o custo. O EPS é muito menos quebradiço, oferecendo maior grau de flexibilidade, mas também pode ser formulado para ser mais duro.

Imagem: Pacote de GÜ

+	−
– Barato	– Gera muito descartes,
– Peso leve	difíceis de tratar
– Durável	
– Bastante disponível	
– Reciclável	

Produção
Os componentes são moldados em formas de alumínio, tipo macho e fêmea, com vapor sendo introduzido atrás de cada metade da montagem.

Sustentabilidade
De modo análogo a outras formas de plástico aerados expandidos, as vantagens que oferece em relação ao uso reduzido de materiais é contrabalançado pelos descartes gerados e dificuldades de fazer o seu tratamento.

Custo
Baixo custo, em termos comparativos.

Aplicações
Uma boa combinação de propriedades torna este material útil para um grande número de aplicações, incluindo pranchas de surfe e capacetes de bicicleta, bandejas de frutas e vegetais, blocos de isolamento, protetor de impacto para cabeça, repouso de cabeça em carros, núcleo de para-brisas, enchimento de colunas de direção e amortecimento acústico. O EPP também pode incorporar molas em seu interior, para uma proteção extra da embalagem.

Características
- Barato
- Leve
- Excelente absorvedor de energia
- Densidade variável
- Bom isolamento térmico
- Pode ser colorido
- Reciclável

EPS *EPS (Poliestireno Expandido)*

Existem muitos materiais que utilizam bolsas de ar como parte de sua estrutura; ao fazer isso, eles reduzem a quantidade de material e o peso correspondente. Essas propriedades são valiosas em termos da redução do carbono. Contudo, a principal questão com o poliestireno expandido (EPS), aproximadamente 98% ar, e o polipropileno expandido (EPP) é que eles são usados como embalagens para produtos transitórios, que são muito difíceis de eliminar.

Uma maneira de olhar para essa questão é comparando o tempo de uso com o tempo que levou para formar o petróleo/plástico e o tempo que levará para o plástico degradar. Por exemplo, levam-se milhões de anos para produzir os ingredientes dos quais derivaram os plásticos do petróleo, e intercalado entre isso e as centenas de anos que levarão para degradar completamente, há um tempo microscopicamente pequeno em que os produtos são de fato usados. Uma quantidade valiosa e esgotável de materiais está sendo usada para produzir algo que terá pouco tempo de uso, para depois ser jogado fora.

Contudo, essas espumas podem ter uma gama maior de potenciais aplicações do que poderíamos supor. A vantagem que elas trazem sobre os produtos de uso mais prolongado é que são muito leves e, sendo espumas, usam muito pouca matéria-prima, se comparado com plásticos sólidos. O poliestireno é a base do ABS, SAN, ASA e HIPS, e parte da família de polímeros do estireno, que é uma substância encontrada naturalmente no ambiente.

Imagem: Cadeiras de EPS, da Tom Dixon

Produção
A espuma de poliestireno é baseada em minúsculas contas que são expandidas em quarenta vezes seu tamanho original usando vapor e pentano. O vapor é então usado na fase final para injetar o material dentro do molde. O poliestireno tem menor desempenho que o EPP, por não apresentar a mesma densidade, flexibilidade e força. Na forma de espuma, o poliestireno é extrusado e moldado termicamente em bandejas. Como o EPP, os componentes são moldados em ferramentas de alumínio do tipo macho-fêmea, com o vapor injetado por trás de cada metade do molde.

Sustentabilidade
Embora seja formado por 98% de ar, frequentemente é visto como pouco amigável em termos ambientais. Contudo, a espuma de poliestireno nunca usou CFC ou HCFCs durante a sua produção. É a percepção da embalagem maciça não estar sendo reciclada, mas deixada para acumular, que reforça a noção de que o material não é ambientalmente correto. Como resultado, providências têm sido tomadas nos últimos anos para facilitar a reciclagem. Dessa forma, uma vez coletado, o descarte é compactado e remoldado como tal, ou triturado para ser usado em novos produtos.

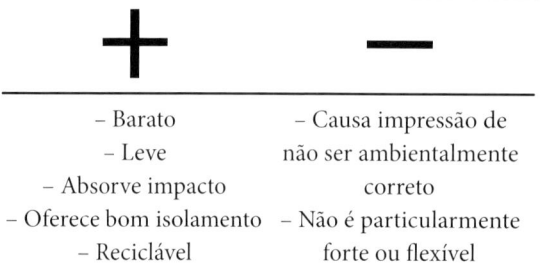

+	**−**
– Barato	– Causa impressão de
– Leve	não ser ambientalmente
– Absorve impacto	correto
– Oferece bom isolamento	– Não é particularmente
– Reciclável	forte ou flexível

Características
- Barato
- Leve
- Boas propriedades de isolamento
- Bom isolamento térmico
- Amortecimento
- Reciclável

Custo
US$ 2 por kg.

Aplicações típicas
Tem sido encontrado, historicamente, em copos descartáveis de beber, bandejas de alimentos (embora esteja sendo substituído cada vez mais por papel laminado) e embalagens. O poliestireno expandido também tem sido usado em muito maior escala na habitação. Na Holanda, tem sido usado como plataforma flutuante, e no Reino Unido já se construiu uma casa inteira com poliestireno expandido. Na horticultura, é usado para controlar a temperatura ao redor da raiz em crescimento.

Fontes
Bastante disponível em múltiplos fornecedores.

PE

PE
(Polietileno)

O polietileno – o material do que é feito o *tupperware* – mudou para sempre a forma com que as pessoas guardam e transportam alimentos. O *tupperware* é um contêiner resistente, leve, com tampas que tem propriedades de selagem em relação ao ar contido no interior. Quando você pressiona a tampa para baixo, o ar é expelido, criando um pequeno vácuo no recipiente, e a remoção do ar ajuda a manter o alimento fresco por mais tempo. Esse é um conceito difícil de transmitir efetivamente com a embalagem; explorou-se então a demonstração caseira e o som batizado como *burp*, ou arroto, produzido pelo ar puxado pelo contêiner quando aberto. Imagine: o som do material comandando uma campanha de *marketing*!

Os polietilenos são os plásticos mais amplamente usados em todo o mundo, e sua atuação é dos mais difíceis de se resumir, por causa das tantas variedades. Alguns são macios e parecidos com cera, enquanto outros são bastante rígidos; alguns são fortes com alta resistência a impacto, enquanto outros são facilmente quebráveis. Contudo, as características típicas que os designers precisam conhecer são: boa resistência química (pense nas garrafas com óleo de motor que estão na garagem); elevada tenacidade, razão pela qual os brinquedos das crianças são geralmente feitos de polietileno; baixa fricção e baixa capacidade de absorver água; além de barato e fácil de processar. Essas últimas qualidades explicam por que os polietilenos têm sido usados em tudo, desde o *hula-hoop* e o *frisbee*, até outro ícone estadunidense, o *tupperware*.

Imagem: Cone de trânsito de polietileno

Produção

Da mesma forma que muitos plásticos básicos, o PE pode ser trabalhado por inúmeros métodos. Os mais comuns são provavelmente a moldagem por rotação e por sopro.

Sustentabilidade

O PE é um dos plásticos mais reciclados. Isso faz parte da natureza dos termoplásticos – materiais que amolecem quando aquecidos. No que se refere ao ambiente, existem vários fatores a serem considerados, um dos quais é a habilidade dos materiais de uma única natureza poderem ser fracionados. O HDPE (polietileno de alta densidade) é referenciado pelo número 2 nos símbolos de reciclagem, e o LDPE (polietileno de baixa densidade), pelo número 4.

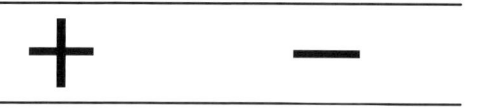

+	**−**
– Baixo custo	– Não se degrada
– Fácil de processar	facilmente
– Versátil	
– Resistente	
– Reciclável	

Aplicações típicas
Inúmeros brinquedos de criança produzidos em larga escala são feitos de HDPE. Outros produtos incluem os tambores para substâncias químicas, utensílios domésticos e de cozinha, isolamento de cabos, sacolas, tanques de combustível de carros, mobiliário e o *tupperware*.

Características
- Processamento versátil
- Superfície com aspecto de cera
- Baixa fricção
- Excelente resistência química
- Toque flexível, maleável
- Assimila cores facilmente
- Reciclável

Custo
O HDPE obtido por moldagem rotacional é apenas ligeiramente mais caro que o PET usado em garrafas.

Derivados
- PET (*Polyethylene terephthalate*) conhecido como poliéster
- LDPE (*low-density polyethylene*)
- HDPE (*high-density polyethylene*)
- MDPE (*medium-density polyethylene*)
- ULDPE (*ultra low-density polyethylene*)
- LLDPE (*linear low-density polyethylene*)

Fontes
Bastante disponível em múltiplos fornecedores no mercado global.

PET

PET
(Tereftalato de Polietileno)

O PET está em todos os lugares, dos carpetes até os cosméticos. Límpido e consistente, é um dos materiais básicos em centenas de tipos de produtos. Faz parte da família dos poliésteres, que também incluem o PBT e o PETG. É transparente como cristal e impermeável à água e ao CO_2, o que o torna ideal para guardar bebidas efervescentes. Nessas aplicações, ele é frequentemente extrusado com outros materiais para formar camadas do tipo "sanduíche", para melhorar suas propriedades. Por exemplo, no engarrafamento da cerveja, são intercaladas camadas captadoras de oxigênio para impedir a entrada e saída desse gás.

Desde 1970, quando a primeira garrafa PET foi patenteada, ocorreram outros desenvolvimentos, incluindo o uso de um sistema de coloração verde inspirado, por analogia, na clorofila da natureza. Esse sistema também foi introduzido no material para atuar como bloqueador de luz UV e, assim, aumentar a longevidade do conteúdo. Isso foi uma melhoria em relação ao uso da cor marrom tradicional, que, além de obscurecer o conteúdo, faz lembrar os frascos de remédio. A cadeira mostrada aqui é uma colaboração entre a Coca-Cola e a Emeco, e foi feita com 111 garrafas PET recicladas.

Imagem: Cadeira de PET, 111 NAVY®, da Coca-Cola e Emeco

Produção
Da mesma forma que os outros termoplásticos, o PET pode ser moldado por injeção e, como demonstrado pelo número de garrafas, também por sopro. Ele também pode ser calandrado em folhas.

Sustentabilidade
Em termos de materiais, os PETs representam uma das maiores áreas de reciclagem, com as garrafas sendo refundidas, para fazer carpetes, fibras, fitas de videocassete, e enchimentos para travesseiros e roupas; cinco garrafas de dois litros de PET fornecem um suprimento de fibras suficiente para fazer uma jaqueta de esqui. O PET é identificado pelo número 1 no símbolo de reciclagem.

+	−
– Baixo custo	– Pode sofrer associações negativas como algo barato ou de baixo valor
– Rígido e durável	
– Versátil	
– Excelente estabilidade	– Não é facilmente biodegradável
– Resistente a produtos químicos	
– Reciclável	

Custo
US$ 2 por kg.

Aplicações típicas
Além dos alimentos, bebidas, embalagens de produtos de limpeza doméstica e cosméticos, outras aplicações do PET incluem visores e filmes decorativos, cartões de crédito, vestuário e mesmo painéis de carros e bolas de boliche.

Fontes
Bastante disponível em múltiplos fornecedores, seja na forma virgem ou na reciclada.

Características
• Excelente resistência química
• Excelente estabilidade dimensional
• Rígido e durável
• Barato
• Excelente transparência
• Boa resistência a impacto
• Reciclável

Derivados
– Uma das inovações mais recentes do PET é da Sidel, que produziu o NoBottle™, uma garrafa de 500 ml pesando 25-40% menos que a garrafa convencional.
– Mylar® e Melinex®™

PMMA
PMMA
(Polimetilmetacrilato ou Acrílico)

Quando os plásticos foram comercializados pela primeira vez por produção em massa, um dos aspectos excitantes que deve ter atiçado a imaginação das pessoas era a possibilidade de moldar um material em qualquer forma desejada, e chegar até à aparência do vidro. Isso deve ter proporcionado aos designers uma nova ferramenta grandiosa para criar produtos com o requinte do aspecto cristalino, capaz de excitar a imaginação dos consumidores. Mesmo hoje, a transparência continua sendo uma qualidade visual que sugere um grande valor. E, um dos materiais mais transparentes e amplamente disponíveis no mercado é o polimetilmetacrilato (PMMA).

Ele também é um material com muitas denominações, uma das quais leva o nome caseiro de Perspex, que é uma folha. O PMMA é visualmente difícil de diferenciar de seu parente, o policarbonato, que é ligeiramente menos transparente, porém mais rígido. Embora seja menos resistente termicamente, seu preço é comparável. A menos que seja combinado com outros plásticos, como o PVC, o que aumenta sua resistência a impacto, o polimetilmetacrilato tem algum grau de semelhança com a fragilidade do vidro. Existem materiais como poliestireno, policarbonato, PET e SAN que competem em transparência, mas o acrílico situa-se entre o poliestireno e o policarbonato em termos de custo.

Imagem: Talheres da marca Standing Ovation, by Giulio Iacchetti

Produção

Na forma granular, o PMMA é um termoplástico versátil que pode ser moldado por injeção e extrusado. Também está bastante disponível em uma diversidade de bastões semiacabados, tubos e, especialmente, folhas.

Sustentabiidade

Sendo derivado de petróleo, não é uma escolha das mais sustentáveis. Contudo, o PMMA pode ser triturado, fundido e extrusado em novos produtos.

Aplicações típicas

Uma das primeiras veiculações comerciais para o PMMA foi a de uma cabine de piloto de uma aeronave de combate na II Guerra Mundial. Atualmente, além de seus usos em pinturas e tecidos, o acrílico é facilmente encontrado como bastões ou tubos, ou como folhas forjadas ou extrusadas, para uso em mobiliário e painéis envidraçados e interiores. Como material moldado, é usado em lentes, sinalização e luzes traseiras de carros, móveis e equipamentos de desenho.

+	−
– Bastante versátil	– Pouca resistência a solvente
– Duro e rígido	
– Bastante disponível	– Não é muito durável
– Excelente transparência	
– Reciclável	

Custo
US$ 4 por kg.

Derivados
– Além de suas fontes como uma resina, ele é um material bastante popular, vendido com os nomes comerciais Perspex®, Plexiglas®, Lucite® e Acrylite®.
– O acrílico é um dos principais ingredientes do material de superfície sólida da DuPont conhecido como Corian®.

Características
• Excelente transparência
• Boa dureza
• Boa rigidez
• Boa firmeza
• Resistente a intempéries
• Fácil ajuste de cores
• Alta adesividade em impressão
• Pouca resistência a solventes
• Pouca resistência à fadiga
• Reciclável

Fontes
Bastante disponível em muitos fornecedores.

PP *PP*
(Polipropileno)

O polipropileno é possivelmente um dos plásticos mais reconhecidos devido à tendência, que começou nos anos 1990, de usá-lo em todos os tipos de produtos coloridos de tonalidade fosca, translúcida. Ele também é um dos plásticos mais fáceis de identificar e lembrar: basta pensar em uma tampa de frasco de vinagre que você dobra ao abri-la – o PP é o melhor plástico básico para resistir a tantas dobras sucessivas.

Essa habilidade e a de aceitar cores são duas de suas características importantes. Ele também tem bom desempenho em altas temperaturas, mas não tão bom em baixas temperaturas. Tem uma boa consistência, resistência química e habilidade de criar uma "articulação viva", como na tampa do frasco de vinagre, que você abre centenas de vezes sem romper. Ele proporciona, como os outros plásticos básicos polietileno e poliestireno, um bom retorno do custo, pois é usado de forma generalizada em todos os tipos de produtos para o consumidor, particularmente em bilhões de cestas de plástico que são vendidas diariamente nas lojas em todo o planeta.

O polipropileno tem propriedades semelhantes ao polietileno, porém sua densidade é menor e seu ponto de amolecimento é mais alto – 160 °C, comparado com 100 °C no PE. Ele também difere do PE por ter apenas uma forma; contudo, pode ser encontrado em diferentes gradações, cuja aparência leitosa natural pode se aproximar da forma transparente, cristalina, do PET. O polipropileno é particularmente bom para receber reforço de fibra de vidro, para se tornar mais forte e rígido, ideal para aplicações em larga escala, como os móveis.

Imagem: Coletor de lixo Chop2Pot, por Joseph and Joseph

Produção
Este plástico básico pode ser processado por meio de uma variedade de técnicas, incluindo moldagem por injeção, moldagem térmica e extrusão de espuma. Na forma de folhas extrusadas, ele pode ser cunhado, dobrado e enrugado. O PP moldado também aceita aditivos e reforço, como minerais e vidro para aumentar a resistência.

Sustentabilidade
Como um dos principais plásticos básicos, ele ocupa o número 5 nos símbolos de triângulo de reciclagem. Isso significa que pode ser reciclado em qualquer lugar que tenha um programa efetivo em operação.

+	−
– Versátil, fácil de trabalhar	– Baixa resistência ao UV: necessita de aditivos para ser usado em exteriores
– Pode resistir a repetidas dobras	
– Duro e resistente	
– Aceita cores	
– Reciclável	

Custo
US$ 2,45 por kg.

Características
- Processamento versátil
- Boa resistência a altas temperaturas
- Duro
- Barato
- Combina-se bem com outros materiais
- Excelente capacidade de flexão
- Compatível com alimentos
- Boa resistência química
- Aceita aditivos e reforços
- Reciclável

Derivados
- EPP (polipropileno expandido)
- Curv® PP autorreforçado da PropexFabrics.com

Fontes
Bastante disponível em inúmeros fornecedores.

Aplicações típicas
É usado em qualquer aplicação que necessite de articulação durável, como nas tampas de frasco de vinagre e as embalagens de *fast food* que podem ser colocadas no forno de micro-ondas.

PUR

PUR
(Poliuretanos ou Uretanos ou Borracha de Poliuretano)

Uma peculiaridade sobre os plásticos é que, tendo uma diversidade de propriedades, eles podem ser aplicados a qualquer tipo concebível de produto. Ao contrário do marceneiro ou do ceramista, que trabalham diretamente com seus materiais, o problema para o designer industrial que trabalha com plásticos é realmente entender suas diferentes gradações. Elas estarão presentes ao longo do processo inteiro, na especificação, uso e aplicações dos materiais.

Os uretanos estão entre os cinco maiores grupos na classificação dos polímeros, que são os etilenos, estirenos, cloretos de vinila e ésteres. Eles podem ser convertidos em muitas diferentes formas, assim como o PVC, pois podem ser produzidas como termofixos, termoplásticos e borrachas. A versatilidade dos poliuretanos significa que existem muitas formas e gradações que podem ser especificadas. Essas podem se desdobrar em três grandes áreas, que são recobrimentos, espumas rígidas e flexíveis, e borrachas. No contexto do design, a forma mais útil são as borrachas, ou PUs, por causa de sua elevada resistência à abrasão e boa consistência.

Em termos da resistência à abrasão, elas podem ser comparadas aos nylons e acetais. Algumas formas de elastômeros de poliuretanos são vinte vezes mais resistentes a riscos do que os metais. Em termos de flexibilidade, eles são semelhantes aos TPEs, mas sem a adaptabilidade necessária para uma variedade de técnicas de moldagem; contudo, são muito menos caros que os silicones ou os EVAs.

Imagem: Mesa, por Zaha Hadid e Patrik Schumacher

Produção
Para entender o processamento das PUs, as várias modalidades precisam ser especificadas. Como um material termofixo – espumas – ele é limitado à moldagem por injeção. Como um TPU, ele é adequado para uma variedade de métodos de produção, incluindo moldagem por injeção, por compressão, fusão, extrusão e também por nebulização a jatos (*spray*).

+	−
– Bastante disponível	– A compreensão das diferentes gradações desta grande família de materiais pode ser bem difícil
– Ampla faixa de aplicações	
– Forte e resistente	
– Durável	– Não é normalmente reciclável

Características
- Excelente força de tensão
- Excelente dureza
- Excelente flexibilidade
- Excelente resistência à abrasão
- Excelente resistência à fratura
- Excelente resistência química
- Boa resistência a intempéries
- Alta durabilidade na flexão
- Boa resistência a impacto
- Geralmente não é reciclável

Custo
TPU: US$ 4 por kg.

Fontes
Bastante disponível em múltiplos fornecedores.

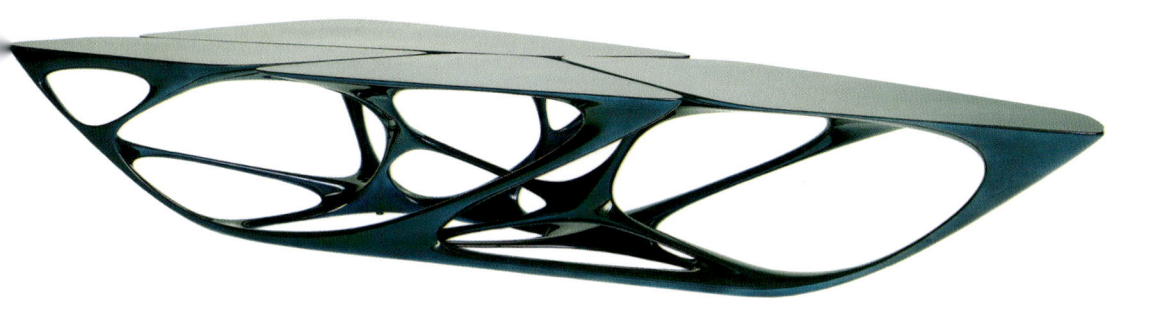

Sustentabilidade
A baixa temperatura de moldagem economiza energia, e é a forma mais comum de fazer o reúso das PUs. A moldagem a baixa temperatura utiliza o material triturado para ser aglutinado novamente.

Derivados
– Espuma de poliuretano
– *Memory foams* (NT: produto feito de espumas de PU capaz de moldar instantaneamente a forma de um objeto ou partes do corpo e, depois, retornar lentamente à forma inicial).
– Spandex® e Lycra®

Aplicações
As espumas são usadas no isolamento de edifícios e em uma forma diferente de acolchoado em móveis e colchões de cama. Na forma de borracha, são usadas em lâminas de rodo, postes de rua à prova de vândalos, rolantes para rodinhas móveis, molas e absorvedores de impacto. Em aplicações para o consumidor, são usadas em solas de tênis de corrida, saltos de calçados, revestimentos têxteis e mobílias.

PVA

PVA
(Álcool Polivinílico)

O PVA é o plástico que a maioria de nós encontra como uma cola branca, aquosa, para madeira. No contexto do design com o álcool polivinílico, assim como seu uso adesivo, sua outra grande utilidade ainda é na forma líquida, mas para revestimentos de papéis, têxteis e acabamentos para couro. Seu uso na forma moldada, tridimensional, é limitado pela solubilidade em água.

Existem alguns fornecedores que vendem resina à base de álcool polivinílico, porém um dos exemplos mais interessantes é sua disponibilidade como um fio têxtil, solúvel em água. O processo de dissolução, que pode ser ajustado para acontecer em qualquer temperatura entre 30-95 ºC, também proporciona outra singular propriedade. Durante o processo, as fibras irão encolher em 50% antes de se dissolver. Essa qualidade é útil na indústria têxtil, onde essa fibra, que tem a marca Solvron®, pode ser adicionada aos têxteis em que uma força de estiramento precisa ser aplicada, como é o caso dos filtros e das ataduras médicas; mas também é usada como "material de sacrifício" durante a produção de vestuários.

O mundo está repleto de muitas fibras naturais – uma área que cresce rapidamente – e de fibras sintéticas que estão gerando alguns têxteis incríveis e "espertos". Contudo, o interessante dos fios de PVA é que desempenham uma função inteligente utilizando um ingrediente biodegradável.

Imagem: Tabletes de lavanderia na forma de cápsulas de PVA.

Produção
A moldagem do álcool polivinílico é difícil porque as temperaturas de fusão e de decomposição estão muito próximas. Contudo, alguns fornecedores oferecem o álcool polivinílico peletizado, que pode ser processado por meio da tecnologia convencional de plástico, como sopro e extrusão de filmes, assim como por moldagem a injeção. Também pode ser usado como aditivo para acentuar a biodegradabilidade dos materiais, devido às suas propriedades de solubilidade em água.

Sustentabilidade
Os benefícios ambientais do PVA são claros: é biodegradável e solúvel em água.

+	−
– Biodegradáveis – Solúveis em água – Alta força de tensão – Qualidades de polarização da luz	– Compatibilidade limitada com outros plásticos

Características
- Solúvel em água
- Biodegradável
- Baixo teor de cinzas
- Alta força de tensão
- Polariza a luz

Custo
US$ 1,20 por kg.

Fontes
Na forma moldável, o PVA tem baixa disponibilidade em relação aos demais plásticos.

Aplicações típicas
Além de adesivos e fios, a solubilidade em água do PVA tem sido aproveitada em uma variedade de plásticos para embalagem. Uma área onde ele é usado é a pescaria, em que a isca é colocada em saquinhos de PVA. Quando está na água, o saquinho se dissolve, expondo a isca concentrada no local. O mesmo princípio é explorado em tabletes de máquinas de lavar, onde um detergente líquido é colocado em cápsulas de PVA que se dissolvem na máquina. A estrutura cristalina do PVA permite que ele polarize a luz, levando a aplicações como filtros ópticos que funcionam como polarizadores dicroicos.

Derivados
- Solvron®
- Mowiol®
- Poval®
- Mowiflex®

PVC

PVC
(Cloreto de Polivinila)

Falando com franqueza, o PVC cheira a vômito. É barato e usado frequentemente como um substituto de materiais naturais, como imitação de couro, mas é um dos plásticos mais usados no mundo, praticamente em tudo, de cartões de crédito a revestimentos de teto. É tido como referência de polímero barato, mas nos últimos anos começou a ser considerado um plástico não muito saudável.

Uma das razões para o seu amplo uso é que, como os poliuretanos, o PVC é extremamente versátil e pode ser produzido como termofixos, termoplásticos e formas elastoméricas. Essas variedades variam do pó de PVC com seu toque seco até a sensação aderente dos brinquedos infláveis de natação das crianças. Outra razão para a popularidade do PVC é seu baixo custo e estabilidade de preço, sendo que 50% do que é usado na fabricação não é proveniente do petróleo. Isso e a facilidade de processamento explicam o fato de ter sido o plástico mais usado no mundo até os anos 1980, quando passou a ser aventado como garoto--propaganda dos aspectos nocivos dos plásticos.

A indústria ainda está dividida a respeito dos danos ambientais e à saúde que o PVC causa, mas as preocupações estão detalhadas no quadro à direita. A indústria do PVC alega que é baixo o nível de risco e de exposição e sustenta o fato de que o PVC foi usado na indústria médica por muitos anos, em embalagens de sangue, em que o uso de plastificantes demonstraram aumentar o tempo útil de estocagem.

Imagem: Prato para sabão de PVC

Produção
A variedade de técnicas de processamento é uma das razões para o PVC ser tão amplamente usado. Além da extrusão, moldagem rotativa, moldagem por injeção, moldagem a sopro e calandragem, ele também pode ser moldado por imersão. Variando a quantidade de plastificante, consegue obter flexibilidade de moldagem. Assim, uma folha esticada de PVC contém grandes quantidades de plastificante. Na forma de folha ele também permite ser soldado por aplicação de alta frequência ou ultrassom.

Sustentabilidade
Dioxinas são emitidas quando o PVC é produzido, reciclado e incinerado, principalmente por causa de um composto de cloro que faz parte de sua composição. Ao contrário de muitos outros plásticos, o PVC é baseado em aproximadamente 50% na petroquímica e o resto é composto por um produto do cloro. Por isso, o PVC tem um preço mais estável.

O segundo problema ambiental é o uso de estabilizantes e plastificantes na produção do material. Em termos da função, os estabilizantes são usados para impedir a degradação, e os plastificantes para aumentar a flexibilidade. Ambos os aditivos são problemáticos. Os estabilizantes usam metais pesados como bário e chumbo, e os plastificantes contêm espécies que interferem no ciclo hormonal. Os produtores estão buscando formas de reduzir esses problemas, com o uso de estabilizantes orgânicos, o que pode diminuir a quantidade de dioxinas geradas. O PVC é referenciado pelo número 3 nos símbolos de reciclagem.

+

- Extremamente versátil
- Boa resistência química
- Bastante disponível
- Baixo custo
- Durável
- Reciclável

−

- Causa preocupações à saúde, em termos de produção e descarte
- Conotação negativa de plástico barato
- Baixa resistência ao UV

Características
- Processamento versátil
- Barato
- Aceita cores com facilidade
- Combina-se bem com outros materiais
- Boa resistência química
- Boa resistência elétrica
- Múltiplas formas e gradações
- Pouco resistente ao UV na forma natural
- Tem problemas ambientais
- Reciclável

Fontes
Bastante disponível no mercado global.

Aplicações típicas
É difícil de resumir a versatilidade deste material. Contudo, algumas aplicações incluem os cabos de bicicleta moldados por imersão, couro falso, roupas de jardinagem, tubos de encanamento, assoalhos, cabos elétricos, "pele artificial" usada em tratamento de queimaduras, visores de sol, capas de chuva, cartões de crédito e brinquedos infláveis. O PVC rígido, não plastificado (PVC-U), é usado extensivamente em aplicações na construção, como molduras de janelas.

Custo
US$ 1 por kg.

MINERAIS

Das ligas metálicas com memória de forma e associações contemporâneas do mármore clássico, até os vidros flexíveis e leves e as cerâmicas avançadas, esta seção é, em seus objetivos, possivelmente a mais variada de todas. Organizada nas subcategorias dos metais, vidros e cerâmicas, ela abrange a maioria dos materiais que são extraídos da Terra. Se houvesse algo que pudesse unir esses materiais, seria as associações que elas concentram, devido às aplicações estabelecidas de longa data, desde as Eras do Ferro e do Bronze.

Com muitas variedades e aplicações, as cerâmicas são difíceis de definir e são usadas em uma variedade de produtos que variam dos tijolos às xícaras de chá, das roupas à prova de balas às facas de cozinhas para cortar o assado de domingo. Maleáveis e flexíveis, elas podem ser esticadas e comprimidas, torcidas e moldadas, despejadas e trituradas: elas podem ser o material mais próximo e simples de se obter, mas, ao mesmo tempo, são altamente precisas e espantosamente duras. Começando como uma massa pegajosa, molhada e fria, elas podem tornar-se um material com as mais duradouras propriedades físicas. Sua versatilidade é tal que podem ser utilizadas na sala de aula e também nas aplicações mais avançadas e em ambientes extremos como as telhas do ônibus espacial. Então vem o vidro: 180 partes de areia, 180 partes de cinzas de plantas marinhas e cinco partes de calcário, fundidas em conjunto, para produzir um líquido estranho. A família do vidro está passando por uma enorme mudança, com novas formas de espécies ultrafinas sendo desenvolvidas, como os vidros Gorilla® da Corning®, que na nossa era digital baseada em telas é o material que está facilitando o trânsito de todas as informações que recebemos.

Então vêm os metais. Cerca de três quartos dos elementos químicos da tabela periódica são metais, dos quais a metade é comercialmente importante. Desses elementos, aprendemos a preparar no mínimo 10 mil diferentes variedades de ligas, tais como o aço inoxidável, em que uma combinação de ferro, crômio e níquel expressa uma parceria na qual cada material contribui com suas características, tornando o aço-carbono simplesmente uma alternativa à prova de ferrugem.

Ouro *Gold (Au)*

O ouro deve ser um dos materiais mais significativos da história, tanto cultural quanto economicamente. Um material maleável e denso, que, na família dos metais conhecidos, como cobre, prata, chumbo, estanho, ferro e mercúrio, permaneceu isolado por 7.700 anos. Sem exceção, é o único na família dos metais que é quimicamente estável; todos os demais reagem com oxigênio e outros elementos e são assim corroídos.

O ouro nunca foi realmente um material de design industrial. Naturalmente, os designers de joias usam ouro o tempo todo, mas, fora da joalheria, qualquer referência ao ouro em design pode ser visto como sendo intencionalmente *kitsch*, ou seja, de mau gosto, talvez como uma espécie de exagero ostensivo.

Como referência de valor e luxo, e símbolo de *status*, o ouro é único, no sentido de que não pode ser substituído por materiais sintéticos contemporâneos, como fibra de carbono ou titânio, dois materiais que estão no topo das marcas mais nobres. Mesmo em quantidades mínimas, ele dá instantaneamente um toque de luxo ao produto. A pureza do ouro é medida em quilates. Vinte e quatro quilates equivale a ouro puro, e dezoito quilates representam uma pureza de 18 partes em 24, ou 75% de ouro puro.

O ouro é extremamente maleável e pode ser transformado em folhas incríveis, extremamente finas e translúcidas. Um exemplo disso é o fato de que 28 gramas (1 onça) de ouro podem ser transformados em um filme de 16 m². Essa é uma das razões de ter sido tão trabalhado e aplicado nas joalherias por milhares de anos.

Imagem: Pílulas de ouro, por Tobia Wong

+	−
– Extremamente maleável	– Raridade e preço limitam o uso
– Excelente condutor de calor e eletricidade	– Envolve aspectos ambientais e éticos em sua mineração
– Biocompatível	
– Resistente à corrosão	
– Reciclável	

Produção
Assim com outros metais, o ouro pode ser forjado com uma variedade de técnicas convencionais. Também pode ser usado para dourar e galvanizar. Pode ser batido, fiado com agulha e usado para fazer folhas.

Sustentabilidade
Além da sua raridade na natureza, as principais questões relativas ao ouro parecem estar na sua mineração, que deveria ser conduzida pelos exploradores e países, com a devida ética. Uma proporção significativa da mineração do ouro acontece em países em desenvolvimento, e o impacto da mineração é significativo sobre essas economias frágeis. Condições de trabalho seguras, produção de resíduos tóxicos, mineração em zonas protegidas e acúmulo de rejeitos são todas considerações para buscar uma exploração pautada na ética. Um exemplo é o uso do mercúrio, altamente tóxico, para extrair o ouro de seu minério. O ouro se dissolve em mercúrio, que depois é destilado, deixando o metal puro como resíduo. Um aspecto positivo é que 28 g (1 onça) de ouro poderiam cobrir 92 m² de vidro, e isso representaria uma redução de custo em um edifício, devido à sua habilidade de defletir a luz do sol. No final de 1999, o Conselho Mundial do Ouro estimou que todo o ouro já extraído das minas daria para formar um cubo de 19,35 m de lado, o bastante para preencher 125 ônibus de dois pisos em Londres.

Características
- Extremamente maleável
- Resistente à corrosão
- Não oxida
- Biocompatível
- Capaz de dar bom acabamento
  às superfícies
- Alta condutividade térmica
- Alta condutividade elétrica
- Reciclável

Fontes
China e em seguida Austrália e
Estados Unidos são os maiores
produtores de ouro. Outros
importantes produtores são
Indonésia, Peru, Rússia e Gana.

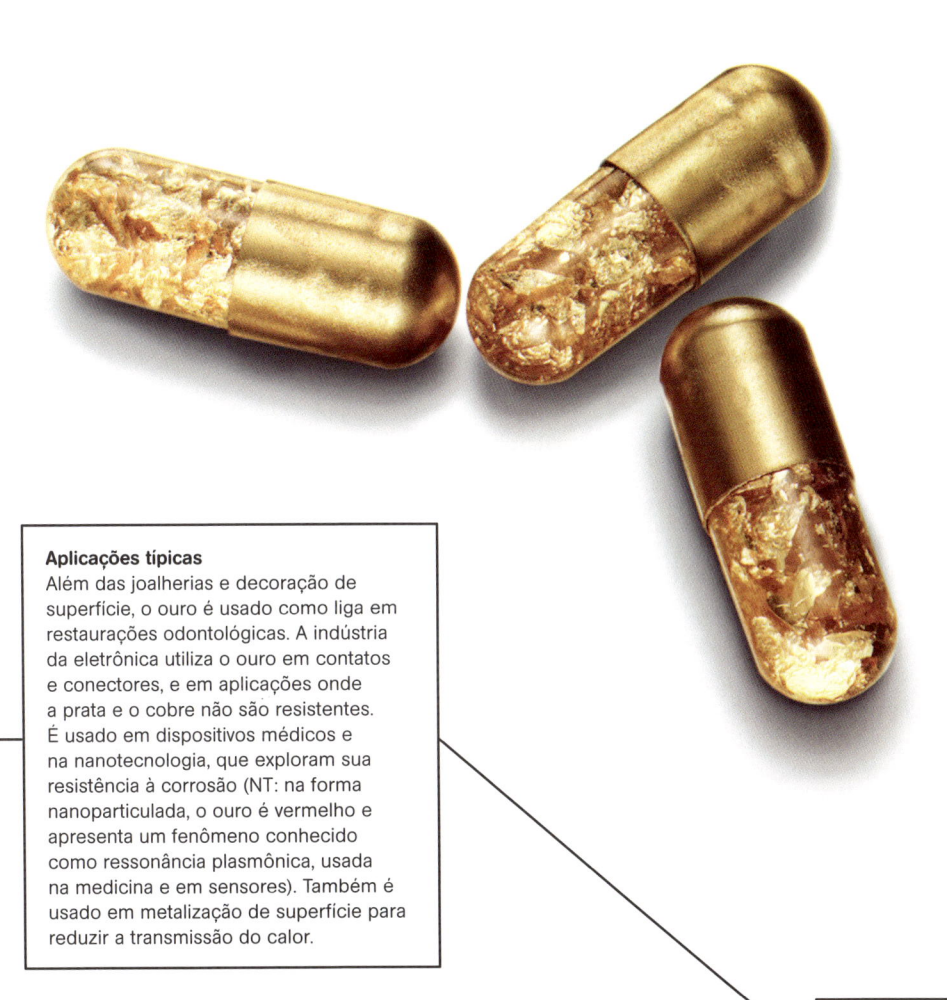

Aplicações típicas
Além das joalherias e decoração de
superfície, o ouro é usado como liga em
restaurações odontológicas. A indústria
da eletrônica utiliza o ouro em contatos
e conectores, e em aplicações onde
a prata e o cobre não são resistentes.
É usado em dispositivos médicos e
na nanotecnologia, que exploram sua
resistência à corrosão (NT: na forma
nanoparticulada, o ouro é vermelho e
apresenta um fenômeno conhecido
como ressonância plasmônica, usada
na medicina e em sensores). Também é
usado em metalização de superfície para
reduzir a transmissão do calor.

Custo
US$ 52.000
por kg.

Prata *Silver (Ag)*

Por ser um metal mole, a prata só é usada na forma pura para revestimento. Para torná-la mais durável em joias e talheres, ela é combinada com cobre, formando a liga de prata esterlina, que contém 92,5% de prata e 7,5% de cobre. O cobre acrescenta dureza à liga. É fácil pensar na prata como um material usado principalmente em joias, mas ela tem, de fato, propriedades únicas, notáveis, que têm sido exploradas em uma variedade de indústrias menos familiares. Por exemplo, historicamente, a prata foi usada para detectar veneno em alimentos. Os talheres de prata conseguiam indicar se o arsênio estava presente, pois ficavam pretos ao reagir com ele.

Mas não é apenas o fato de a prata escurecer e sua resposta aos reagentes químicos que a tornam útil. Ela é o melhor condutor de eletricidade e tem a mais alta refletividade de luz, sendo por isso usada em parceria com os vidros para fazer espelhos e janelas refletoras de calor e luz. A receita de óculos de sol que respondem à luz utiliza essa característica fotoquímica da prata. Essa habilidade de interagir com a luz também explica seu uso em uma área que já foi muito marcante, a fotografia química. A prata tem uma capacidade de reagir com a luz, formando imagens latentes que podem ser reveladas depois para gerar fotografia. Contudo, com o declínio da fotografia tradicional, uma das grandes áreas de aplicação da prata baseia-se na sua atividade antimicrobiana; assim, é usada para controlar o odor em uma variedade de aplicações em vestimentas, ajudando também a regular o calor do corpo.

Imagem: Peça de centro, de latão prateado, de Chitai Mann Singh

Produção

A ductibilidade da prata é uma das razões de ela ser tão usada em joalherias. O metal pode ser trabalhado com facilidade por recozimento brando ou *annealing*, extrusão, e pela forja com vários métodos, como a *lost-wax casting* (NT: processo no qual o objeto é reproduzido em cera para fazer um molde exato).

Sustentabilidade

A prata não é considerada prejudicial ao corpo, e sua habilidade de inibir o crescimento bacteriano é tido como benéfica. Ela é o principal ingrediente em células fotovoltaicas e, assim, contribui para a geração de energia como fonte não baseada no petróleo. Também é aplicada em vidros para reduzir a quantidade de luz UV transmitida.

+	−
– Excelente condutividade elétrica e térmica	– Sensível às mudanças de cor
– Sensível à luz	– Mancha facilmente
– Maleável e flexível	
– Bastante decorativa	
– Antibacteriana	
– Reciclável	

Derivados
- Prata esterlina (prata e cobre)
- *Electrum* (prata e ouro)
- Amálgama (prata e mercúrio)
- Prata *britannia* (prata e cobre)
- *Argentium sterling silver* (prata, cobre e germânio)
- *Billon* (cobre, ou cobre-bronze, algumas vezes com prata)
- *Goloid* (prata, cobre e ouro)
- Platina esterlina (prata e platina)
- *Shibuichi* (prata e cobre)

Características
- Condutividade elétrica excepcional
- Bom acabamento superficial
- Excepcional condutividade térmica
- Mancha com facilidade
- Muito sensível à luz
- Sensível a mudanças de cor
- Muito maleável e dúctil
- Resistente à corrosão
- Antibacteriana
- Reciclável

Aplicações típicas
A prata é usada principalmente na indústria de joias e na fotografia. Tem a melhor condutividade entre os metais, e é usada na indústria eletrônica para produzir soldas. Sua habilidade de interagir com a luz é explorada na fotografia, e uma grande proporção do uso da prata nos Estados Unidos ainda está nessa área. É bastante usada em revestimentos metálicos, e proporciona excelente blindagem a campos eletromagnéticos (EMF).

Custo
US$ 970 por kg.

Fontes
México e China são dois dos maiores produtores de prata, com um terço da produção mundial. As reservas mundiais são estimadas em 530 mil toneladas.

Platina *Platinum* (Pt)

Os materiais adquirem valor de inúmeros modos: pela associação ao uso, pelo peso e densidade, pela idade, pela produção e pelo contexto. Os metais podem atribuir facilmente mais altos valores aos produtos do que os compósitos de alta tecnologia ou materiais inteligentes. Desde as penas de canetas aos discos de computador, a platina tem tido mais usos práticos do que nas joias. Como parte do grupo de metais preciosos, este material relativamente mole, branco e maleável tem sua própria família, chamada de grupo da platina, que inclui o paládio, irídio, ródio, rutênio e ósmio.

A platina é mais flexível que a prata, cobre ou ouro, porém é mais pesada que o ouro. Assim como o ouro, a platina é altamente maleável, e o conteúdo de apenas um grama pode ser convertido em um quilômetro e meio de fio. Seu uso em joias é devido à sua densidade, dureza, força e resistência à oxidação, que a torna um material adequado para comportar pedras preciosas. Como um material flexível, a platina é usada com frequência para aumentar a dureza das ligas.

Da mesma forma que muitos metais, a platina tem uma função biológica; um dos usos menos conhecidos para este metal precioso é no tratamento de câncer, em que pode inibir o crescimento de células cancerosas.

As ponteiras da caneta Montblanc são feitas de ouro sólido 18 quilates, que foi originalmente usado porque resiste aos componentes químicos usados nas antigas tintas. Atualmente, é usado pelo prestígio e pela habilidade de flexionar durante a escrita. Contudo, a baixa dureza do ouro resultaria no desgaste da ponta rapidamente. Assim, a ponta é feita de irídio, que é um material extremamente duro.

Imagem: Ponteira de caneta Montblanc

Produção
Embora existam minas de exploração a céu aberto, a maior parte da exploração da platina ocorre no subsolo e envolve um trabalho intensivo em que os mineiros cavam túneis e usam explosivos para obter o minério. Assim como a prata, a platina pode ser trabalhada a frio, temperada, extrusada e forjada.

Sustentabilidade
A platina não é nociva ou tóxica.

+	−
– Maleável	– Relativamente cara e seu uso é limitado a itens valiosos
– Bastante decorativa	
– Excelente resistência ao calor	
– Biocompatível e reciclável	
– Resistente à corrosão	
– Reciclável	

Aplicações típicas
A platina é mais conhecida por seu uso em joias; contudo, isso corresponde a 38% de suas aplicações. É usada em muitas aplicações industriais, incluindo conversores catalíticos. Em canetas-tinteiro de luxo, ela proporciona dureza às penas; em velas de ignição ela oferece uma alta resistência ao calor e alta condutividade. Também é empregada como liga para revestimento de lâminas de barbear; em contatos elétricos e fios de resistência. Por causa de sua alta resistência à corrosão atmosférica, ela é usada como revestimento em componentes. Outras ligas são usadas em restauração odontológica, misturadas com ouro ou prata, assim como cobre e zinco. A adição de platina aos discos rígidos dos computadores aumenta suas qualidades, permitindo que mais dados sejam armazenados. A platina também é biocompatível e usada em cirurgias.

Fontes
A África do Sul é o maior produtor mundial de platina, com mais da metade da produção global, que em 2012 chegou a 192 toneladas. As reservas mundiais estão estimadas em 66.000 toneladas.

Custo
US$ 47.000 por kg.

Latão e bronze *Brass & Bronze*

O latão é um material que está preso a um tempo com suas distorções culturais. Quando se pensa em latão, a imagem que fica não é de materiais com estética moderna ou que preencham necessidades específicas na vida contemporânea. O metal com uma cor quente de açúcar queimado lembra os tempos antigos, nos quais as propriedades acústicas do latão foram utilizadas para fazer uma diversidade de instrumentos musicais, de sinos a trombetas. Como a prata, sua oxidação e necessidade de ser polido também parece ter criado um ritual de satisfação no manuseio desse metal.

O latão tem aproximadamente 65% de cobre e não mais de 40% de zinco. Como muitos outros metais, o latão não é um material isolado, mas compõe uma grande família, formada por espécies com diferentes propriedades. Entre elas se incluem o bronze de joalherias, bronze vermelho, bronze amarelo e o metal de ornamentação. Outro grupo compreende o latão com chumbo, latão forjado e latão com estanho. Bronze é um termo que geralmente se aplica às ligas de cobre, que tem um elemento estratégico, como o estanho ou zinco. O bronze usado para forjar estátuas tem aproximadamente 10% de estanho, cerca da metade da quantidade usada para aplicações mais robustas, como as lâminas de turbinas. A adição de estanho conduz a materiais mais fortes e duros.

Imagem: Rack para vasos, da Studio Job Bottle

Produção

O latão pode ser forjado usando-se vários métodos, incluindo moldagem em formas de areia ou de aço. O bronze, em particular, é um excelente material para moldagem devido à sua baixa viscosidade, que permite que ele preencha formas complexas, reproduzindo os detalhes mais finos. Ele também pode ser forjado, extrusado e aplicado como cobertura. Está disponível como folhas, bastões, tubos e blocos sólidos, podendo ser trabalhado por cunhagem ou moldado sob pressão, torneado, extrusado sob impacto e, ainda, transformado em fios. Em termos de ligação, o latão pode ser soldado de várias maneiras, embora a solda por fusão direta não seja tão simples.

Sustentabilidade

O latão é geralmente feito de sobras recicladas, e os produtores no Reino Unido já usam quase 100% do material obtido dessa forma. Como um dos principais ingredientes do latão, a produção do cobre chega a 16 milhões de toneladas por ano, e as reservas exploráveis representam 690 milhões de toneladas. De acordo com a US Geological Survey, em 2011, a produção de zinco foi ao redor de 12 mil toneladas por ano, com reservas estimadas de 250 mil toneladas.

– Excelente para fundição
– Aceita uma variedade de métodos de produção
– Resistente à radiação
– Forte e maleável
– Reciclável

– Pode ser associado a "fora de moda".
– A soldagem pode ser dificultada pela presença do zinco

Derivados
- Latão de níquel-prata
- Bronze de alumínio
- Bronze de silício
- Bronze de manganês

Características
- Excelente resistência à corrosão
- Forte e maleável
- Processamento versátil
- Barato (mais do que o cobre)
- Condutividade elétrica muito boa
- Bom processamento com máquinas
- Antimicrobiano
- Resistente à radiação nuclear
- Reciclável

Fontes
O latão e o bronze são feitos de cobre, e o Chile é um dos maiores produtores mundiais.

Aplicações típicas
As ligas de latão são usada em uma variedade de aplicações, incluindo tomadas elétricas, conectores de lâmpadas, instrumentos médicos, conexões de cabos, mancais, rodas dentadas, acessórios domésticos e de encanamento, componentes de aviões, trens e carros. Uma aplicação comum do latão são os parafusos de madeira, pela vantagem de sua excelente resistência à corrosão. Assim como o cobre, é usado em aplicações nas quais as propriedades antimicrobianas são importantes, como nos hospitais.

Custo
US$ 3,85 por kg.

Cobre *Copper (Cu)*

O cobre é caracterizado pela sua cor vermelho-castanha, que talvez não se ajuste às tendências de linguagem visual contemporâneas, nas quais a tecnologia parece preferir metais brancos, brilhantes. Contudo, sob uma perspectiva cultural, o cobre colaborou em muitos aspectos da evolução humana, desde que foi usado pela primeira vez, há aproximadamente 10 mil anos.

A versatilidade do cobre é demonstrada em muitos dos elementos que o homem precisa para sobreviver: alimento, energia, abrigo e água. É de tal importância que, nos períodos da história em que os materiais foram usados para definir a evolução humana, ele teve o seu próprio período, o período Chalcolítico, uma fase da Idade do Bronze. Contudo, uma das coisas bonitas sobre o cobre é que ele é um ingrediente básico, que, pela associação com outros metais, pode ser modificado para obter propriedades específicas para aplicações mais distantes. Por exemplo, combinando com o estanho, obtém-se o bronze, e, com o zinco, consegue-se o latão. Além disso, pode ser misturado com níquel, berílio e alumínio para proporcionar outras variações de cobre. Essa versatilidade e o fato de ele participar de mais de quatrocentas ligas dá a entender que o cobre está muito perto de ter sua própria família de materiais.

Hoje, um dos maiores usos do cobre é como condutor elétrico. Junto com prata, o cobre tem, de longe, a mais elevada taxa de condutividade elétrica. Também tem a mais elevada condutividade térmica – a velocidade que o calor e o frio se transmitem através de um material – de qualquer material, razão pela qual ele é frio ao toque.

Imagem: Cadeira em giro, de Thomas Heatherwick

Produção

O cobre é um bom material para ser forjado por causa de sua viscosidade, que permite que o fluido em fusão preencha formas complexas com detalhes finos. Pode ser forjado por vários métodos, incluindo o uso de moldes de areia e moldagem pressurizada. Também pode ser extrusado e eletrodepositado. Pode estar disponível em folhas, bastões, tiras e formas sólidas em que pode ser cunhado, enrolado, moldado sob pressão, e torneado.

Sustentabilidade

Sua grande utilização deve-se à facilidade com que o elemento é trabalhado e separado de seus minérios. Os depósitos de cobre são encontrados em vários lugares devido à facilidade com que agregam matéria orgânica e minerais. De acordo com a US Geological Survey, em 2011, a produção mundial de cobre chegou a aproximadamente 16 milhões de toneladas por ano, com uma estimativa de reservas ao redor de 690 milhões de toneladas.

+	−
– Versátil	– Como o latão, o cobre pode suscitar ideias de algo "fora de moda"
– Excelente acabamento	
– Duro	
– Excelente condutor elétrico e térmico	
– Reciclável	

Características
- Boa resistência à corrosão
- Flexível, maleável e, portanto, fácil de trabalhar
- Excelente condutor térmico e elétrico
- Resistente
- Forma ligas com outros metais
- Antimicrobianos
- Aceita um bom acabamento de superfície
- Reciclável

Fontes
Embora o cobre possa ser encontrado livremente na natureza, as fontes mais importantes são os minerais cuprita, malaquita, azurita, calcopirita, e bornita. Aproximadamente 90% do cobre do mundo está na forma de minérios de sulfeto. As maiores fontes de cobre são o Chile e a China.

Custo
US$ 7 por kg.

Derivados
- – Cobre-níquel
- – Cobre não elétrico
- – Cobre usinado
- – Ligas de alta resistência
- – Cobre elétrico

Aplicações típicas
É impossível listar todas as áreas em que o cobre está sendo usado, mas elas incluem casas, fios condutores de eletricidade, enrolamentos de motor, canos de água, panelas e joias. Ele também é a base do latão e do bronze. Uma das aplicações mais interessantes é o uso de fios de cobre em meias para reduzir o odor, em virtude de suas propriedades antibacterianas.

Crômio *Chromium (Cr)*

A característica mais distinta do crômio é que ele é brilhante, além de que, como metal, ele é duro, cinza e de alto ponto de fusão. Os entusiastas por carros sabem que ele pode ser polido, até mostrar um brilho incrível. Esse é o motivo de ser usado como revestimento protetor e decorativo em uma grande variedade de produtos metálicos. Suas características anticorrosivas são devidas à sua habilidade de prevenir a difusão de oxigênio através das superfícies revestidas: de fato, espadas e dardos recobertos com crômio datando de 2 mil anos atrás têm sido descobertos sem nenhum sinal de ferrugem!

A forma mais comum de crômio metálico existe como uma liga de aço inoxidável, onde é usada para aumentar a dureza e como um acabamento protetor e decorativo. Nesse caso ele é aplicado como uma cobertura tão fina quanto 0,0006 cm. Para distingui-lo das formas de aplicação de cobertura pela engenharia, o revestimento decorativo de crômio é geralmente aplicado sobre o níquel brilhante e dá aquele acabamento brilhante de espelho. O produto deve ser bem limpo e polido para criar uma superfície suave, regular. Então é eletricamente carregado e imerso em solução de crômio, que é submetido à eletrólise. A deposição do crômio leva à formação de camadas uniformes sobre toda a superfície do objeto.

Imagem: Misturador com superfície cromada, de Ufficio Progetti, Euromobil e R. Gobbo

Produção

O uso mais difundido do crômio é na cromação. Ela envolve o carregamento elétrico da superfície a ser cromada, após ser imersa em um banho de solução de sal de crômio. O processo que gera um filme sobre o substrato é denominado eletrodeposição. Existem dois tipos de revestimentos de crômio. O mais comum é o crômio fino, decorativo, que pode ser usado em uma variedade de equipamentos. A outra forma de deposição é a galvanoplastia, formando uma camada mais espessa e geralmente usada em equipamentos industriais para reduzir a fricção e o desgaste. Por causa da cobertura fina de 0,3 mícron, ela não altera o perfil da superfície.

Sustentabilidade

O crômio hexavalente é carcinogênico e extremamente tóxico. Por isso na galvanoplastia moderna sempre se usa o crômio trivalente.

+

– Extremamente duro
– Resistente à corrosão
– Baixo custo
– Acabamento decorativo altamente brilhante

−

– Alguns processos de galvanoplastia produzem toxinas

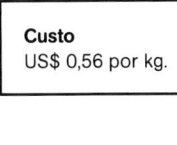

Custo
US$ 0,56 por kg.

Características
• Muito duro
• Tem um bom acabamento de superfície
• Excelente resistência à corrosão
• Condutor elétrico

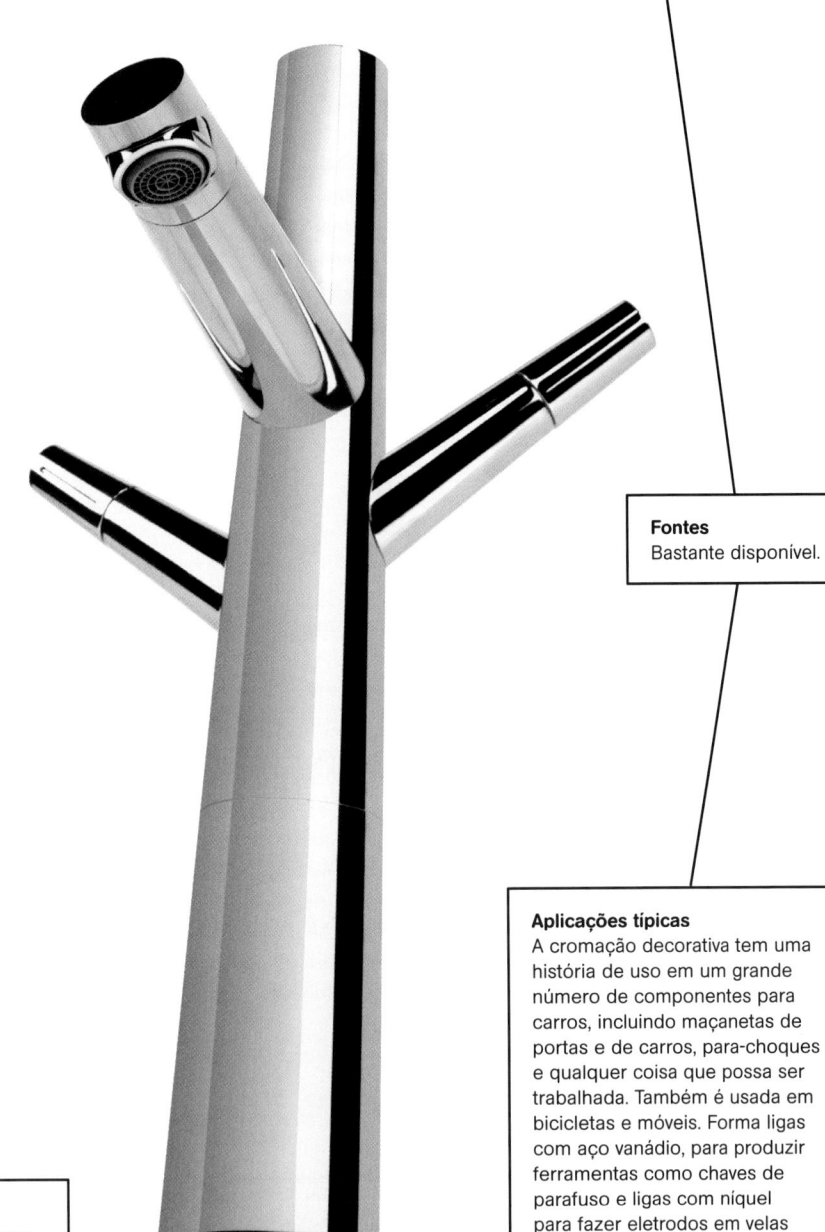

Fontes
Bastante disponível.

Aplicações típicas
A cromação decorativa tem uma história de uso em um grande número de componentes para carros, incluindo maçanetas de portas e de carros, para-choques e qualquer coisa que possa ser trabalhada. Também é usada em bicicletas e móveis. Forma ligas com aço vanádio, para produzir ferramentas como chaves de parafuso e ligas com níquel para fazer eletrodos em velas de descarga elétrica. Contudo, atualmente, muitos produtores evitam o seu uso devido às toxinas associadas com sua produção no processo de galvanoplastia.

Derivados
O crômio forma ligas com os seguintes metais:
– Crômio aço inoxidável
– Crômio cobre
– Crômio molibdênio
– Aço de crômio
– Crômio vanádio

Peltre *Pewter*

Se a palavra tradicional fosse aplicada a um material, esse seria o peltre. Não estou certo da razão, mas para mim o peltre está associado com um material inglês medieval. Realmente, é difícil achar qualquer uso para o peltre no design contemporâneo; ao contrário dos outros metais, ele tem associações que são mais históricas do que modernas. Visite as páginas da web de qualquer uma das indústrias de peltre e verá que estão todas voltadas para a arte. Por exemplo, o peltre tem fortes associações com canecas e outros produtos da antiguidade, possivelmente pelo fato de ter sido usado desde o tempo do antigo Egito.

Em termos de seus atributos técnicos, a característica mais distinta do peltre é sua maleabilidade, que vem da alta proporção – de no mínimo 85% – de estanho, com o restante sendo formado por uma mistura de cobre, antimônio e uma pequena quantidade de bismuto; o cobre e o antimônio acrescentam dureza ao estanho. Os romanos produziam peltre com aproximadamente 70% de estanho e 30% de chumbo; contudo, a proporção do estanho varia de acordo com a região geográfica e histórica. O peltre mais fino, por exemplo, contém até 95% de estanho.

Miranda Watkins é uma das poucas designers contemporâneos que usam peltre em seu trabalho, e ela tem produzido uma variedade de aparelhos de jantar que enfim tiram o peltre da linhagem tradicional de produtos.

Imagem: Tigela com entalhes, de Miranda Watkins

Produção
De acordo com a Worshipful Company of Pewterers, o material pode ser moldado pelo método da gravidade, fundido em moldes de liga de sino (cobre-estanho), aço ou areia, e forjado com técnicas centrífugas ou usando moldes de borracha ou silicone. Sua maleabilidade também significa que as camadas de peltre podem ser moldadas a frio, sob pressão, trabalhadas com torno e moldadas manualmente. Depois da produção, as partes de peltre podem ser acabadas e temperadas.

Sustentabilidade
Ingredientes como chumbo e antimônio são comprometedores, e não são mais usados em peltres modernos. O peltre é reciclável.

+	−
– Maleável – Não mancha – Aceita um bom polimento – Reciclável	– Pode ter associações negativas com processos antigos de produção

Alumínio *Aluminium (Al)*

Quando as ligas de alumínio começaram a ser comercializadas no final do século XIX, elas eram um material novo e cobiçado. Ao ser usado em aplicações como cutelaria e aparelhos de jantar, o alumínio proporcionava um grande *status*, ainda maior que o ouro, e seu custo era duas vezes maior. Nos anos 1950, o alumínio entrou em outro período de destaque, quando sua força e seu peso leve foram utilizados na construção de veículos que se tornaram ícones, como o trailer Airstream. Assim como o plástico, o alumínio ainda tem seu valor como material, mas também encerra alguns aspectos muito cobiçados. Juntamente com o magnésio e o titânio, o alumínio forma o trio metálico com os pesos mais leves. Suas qualidades de leveza foram exploradas nas tochas olímpicas de 2012.

Em pouco mais de um século, tornou-se um dos metais mais usados no mundo, só perdendo para o aço. Com suas combinações de força, baixo peso e resistência à corrosão, o alumínio mostrou ser um ótimo metal para todos os tipos de aplicações, incluindo navios transatlânticos, aviões e até naves espaciais. Quando triturado até a forma de pó, o alumínio é um dos poucos metais que consegue manter a aparência metálica. Essa é a razão de ser usado em tintas e plásticos para criar um efeito metálico. O alumínio é 100% reciclável, e cerca de três quartos do alumínio produzido ainda permanecem em uso atualmente.

Imagem: Tocha olímpica, de Barber Osgerby

Produção
O alumínio pode ser facilmente moldado em produção isolada, em batelada ou produção em massa. Os métodos de processamento incluem extrusão, várias formas de forja, uso de máquinas e extrusão por impacto.

Sustentabilidade
A produção de alumínio é um processo com uso intensivo de energia, mas, depois de formado, é extensamente reciclado devido à baixa energia envolvida, em comparação com aquela gasta na extração do minério. A reciclagem proporciona uma economia de energia de 95% sobre o uso do metal primário. O baixo peso e resistência à corrosão proporcionam economias e também aumentam o tempo de vida dos produtos.

+	−
– Fácil de processar	– Usa muita energia na produção
– Versátil	
– Boa relação força/peso	
– Resistente à corrosão	
– Reciclável	

Fontes

A bauxita, minério do qual o alumínio é extraído, ocorre principalmente em áreas tropicais e subtropicais – África, oeste da Índia, América do Sul e Austrália –, com alguns depósitos na Europa.

Características
- Boa relação força/peso
- Baixo custo
- Processamento versátil
- Não magnético
- Permite um alto polimento
- Excelente resistência à corrosão
- Bom processamento com máquinas
- Funde a 660 ºC
- Reciclável

Derivados
- Metpreg (alumínio com fibras de vidro)
- A Nambe, nos Estados Unidos, produz várias gradações específicas de alumínio voltado para produtos especiais
- Duralumínio (liga de cobre e alumínio)
- Magnálio (liga de alumínio e magnésio)
- Silumino (alumínio e silício)
- Zamak (zinco, alumínio, magnésio e cobre)

Custo
US$ 2 por kg.

Aplicações típicas

Com um material que é tão difundido, é impossível descrever suas aplicações típicas, pois são muitas. Elas vão desde as partes médias das asas do maior avião do mundo, o Airbus A380, que foram trabalhadas com ultraprecisão, até os anéis em latas descartáveis de refrigerante.

Magnésio e ligas

Magnesium Alloys (Mg)

Desde as nossas ferramentas primitivas às primeiras tentativas de voar, temos procurado materiais leves e fortes. Associe isso ao número crescente de pessoas que vivem em cidades, ao trânsito e transporte diário, disseminação de estilos de vida nômades e geração de produtos que, como nunca, requerem investimentos para diminuir o peso. Chegamos assim a uma situação em que o peso, ou a sua falta, passa a ter um valor. Sendo o metal mais leve em uso – tem um quarto do peso do aço e dois terços da do alumínio –, a liga de magnésio tem um papel importante na vida moderna.

O magnésio foi obtido pela primeira vez pelo químico britânico Sir Humpry Davy em 1808. É um elemento com propriedades extremas; por exemplo, muito leve, mas também altamente inflamável e fácil de entrar em ignição quando na forma de pó ou de pequenas fitas. Por essa razão, o magnésio é um acendedor de fogo ideal para acampamentos e *kits* de sobrevivência, pois uma simples faísca pode ser usada para provocar sua ignição.

Essa inflamabilidade também foi demonstrada pelo uso nas primeiras fotografias com *flash*. Sua principal restrição na perspectiva do design é que desenvolve manchas escuras na superfície, dando um aspecto cinza de algo usado. Sua limitada resistência à corrosão chega ao ponto de até um suco de laranja ou de água carbonatada ser capaz de manchar a superfície.

Imagem: Caixa fotográfica de liga de magnésio da Canon EOS 1D Mark IV

Produção

Assim como o zinco, o magnésio é um dos metais mais fáceis de moldar em formas complexas, que poderiam, de outro modo, ser feitas de plástico. Ele pode ser processado por extrusão e várias formas de forja, incluindo moldes pré-formados de cerâmica em cera, e cunhagem. Quando forjado, as pontas agudas devem ser evitadas, visto que o magnésio é sensível à concentração de estresse. A moldagem a frio tende a não ser eficiente, devido à tendência de endurecimento. O magnésio fica mais duro quanto mais é dobrado. Pode ser soldado usando-se diversas técnicas. A superfície pode ser melhorada por anodização.

Sustentabilidade

O uso de materiais leves como as ligas de magnésio em produtos reduz de forma significativa o consumo de energia e os custos de transporte.

+	−
– Extremamente leve	– Corrói com facilidade
– Bastante disponível	– Acabamento superficial pobre
– Reciclável	– Difícil de trabalhar a frio
	– Altamente inflamável

Fontes
O magnésio é um dos metais mais abundantes na Terra. Sua quantidade é suficiente para fazer um planeta da mesma massa que Marte, e com sobras. Depois do sódio, ele é o elemento mais abundante no mar.

Derivados
O magnésio é geralmente combinado com alumínio para formar ligas.

Custo
US$ 4 por kg.

Aplicações típicas
Alguns apontadores de lápis tradicionais são feitos de magnésio. Outras aplicações incluem chassis de eletrônicos que utilizam seu baixo peso. Também é usado em armações de malas e componentes como pedais de bicicletas. Além do uso em ligas de magnésio, o elemento é constituinte em nosso organismo. O óxido de magnésio é usado como agente branqueador.

Características
- Extremamente leve
- Difícil de trabalhar a frio, em comparação com o alumínio
- Pouca resistência à corrosão
- Altamente inflamável – pequenas porções de magnésio puro queimam facilmente
- Baixa condutividade elétrica
- Acabamento superficial pobre
- Ponto de fusão relativamente baixo: 650ºC
- Reciclável

Tungstênio *Tungsten (W, Wolfram)*

O tungstênio, assim como o titânio, transmite a ideia de propriedades avançadas que despertam o interesse dos designers. Entretanto, ao contrário do titânio, que tem a maior relação força/peso de qualquer metal, o tungstênio é um metal superpesado. O tungstênio sugere tecnologia, dureza e, em certas aplicações, um senso de ter qualidade *premium*, como nos dardos da figura. Seu nome deriva das palavras em sueco *tung* e *sten*, que significam pedra pesada. As aplicações em design são um tanto limitadas, mas, devido às suas propriedades, elas merecem ser mencionadas neste livro.

Seus principais atributos, além de seu peso, estão na extraordinária dureza e resistência à temperatura; esta última é a maior entre todos os metais. Dureza não é mesma coisa que tenacidade. Esta última é um termo usado para descrever a capacidade de um material absorver um impacto sem quebrar. A dureza representa a capacidade de um material de resistir ao entalhe, o que significa resistir ao risco, desgaste e abrasão, e também de oferecer resistência quando trabalhado com máquinas. O tungstênio tem um dos pontos de fusão mais elevados entre todos os metais, e em temperaturas elevadas também tem a maior força. O carbeto de tungstênio é uma das formas mais conhecidas de tungstênio e, como toda a família de carbetos metálicos, é o que apresenta o ponto de fusão mais elevado dos materiais em engenharia. Uma aplicação desse material está nas chuteiras de futebol, na forma de um pó, para deslocar o peso até o ponto de impacto e ajudar no controle mais efetivo da bola.

Imagem: Dardos de tungstênio pela TVG Design

Produção

Como o tungstênio tem uma das maiores temperaturas de transição de maleável a quebradiço, sua possibilidade de forja à temperatura ambiente é baixa. Sua alta resistência ao calor o torna difícil de fundir. Em vez disso, os componentes são geralmente sinterizados como pó. Está disponível em vários estados semiacabados, como barras, tubos, fios, placas e lâminas, nos quais ele pode ser processado com máquinas.

Sustentabilidade

Não existem maiores preocupações ambientais; contudo, o pó de tungstênio apresenta algum efeito, considerado leve, sobre os animais, sugerindo que ele pode ser um contaminante emergente. Pode ser reciclado, e 30% da produção de tungstênio é baseada em reciclagem.

+	−
– Muito duro e denso	– Difícil de forjar ou de ser trabalhado com máquina
– Resistente à corrosão	
– Resistente a altas temperaturas	
– Reciclável	

Derivados
- Aço de tungstênio
- Carbeto de tungstênio
- Crômio de tungstênio
- Bronze de tungstênio
- Cobalto de tungstênio
- Cobre de tungstênio
- Prata de tungstênio

Características
- Densidade muito alta
- Muito duro
- Alta resistência à corrosão
- Baixa condutividade elétrica
- Baixa toxicidade
- Ponto de fusão extremamente alto: 3.410 ºC.
- Reciclável

Custo
US$ 110 por kg.

Aplicações típicas
Como um dos metais "mais duros", seu uso primário está na indústria pesada. Sua capacidade de cortar e dar forma aos outros materiais, junto com o aço, transformaram completamente a indústria de ferramentas. Além dos dardos, onde seu peso é usado para estabilizar a trajetória, o tungstênio é bem conhecido como metal dentro dos bulbos incandescentes de luz. Junto com o alumínio, o cobalto e o zinco, o tungstênio é usado na ponta da caneta esferográfica. Aplicações menos comuns incluem o carbeto de tungstênio, material duro e difícil de riscar, joias, pesos de pescaria e balas de tiro. O dióxido de tungstênio depositado em filmes é utilizado em janelas eletrocrômicas. O tungstênio também é usado em aplicações de alta temperatura, como bigorna em soldagem, e para fazer fios finos para aquecedores nas janelas traseiras de carros.

Fontes
O tungstênio não é encontrado livre na natureza. Os principais minérios de tungstênio são a wolframitas (tungstato de ferro e manganês). As minas de tungstênio no mundo e seu fornecimento são dominados pela China, responsável por mais da metade da produção global, que é de 72 mil toneladas. A reserva global estimada é de 3.100.000 toneladas.

Estanho *Tin (Sn)*

O estanho é um daqueles materiais que, como o papel ("fino como papel"), invadiu a língua inglesa para tornar-se um adjetivo, *tinny* (NT: em referência à palavra em inglês para o estanho, *tin*). Talvez como consequência, o estanho não traz associações de alto valor. Além de sua baixa percepção de valor, ele também não faz associações fortes com outros metais, como o alumínio, com suas aplicações contemporâneas em design, ou cobre, com suas associações na cozinha tradicional.

Sua participação como principal constituinte do peltre já foi comentada, e pode ser acrescentado o uso bastante difundido na indústria de embalagem. Se você pegar uma caixa de metal, é possível que seja feita de placa de estanho-aço, recoberta em ambos os lados por estanho – para assegurar uma boa resistência à corrosão. Na forma não revestida, ele pode ser confundido com alumínio, em virtude de seu esbranquiçado anêmico com uma cor e acabamento lustroso. Além do setor de embalagens, que representa 90% de sua produção, a placa de estanho, quando comparada com outros metais relativamente moles, ainda é um componente familiar na fabricação de brinquedos.

A história do estanho data do século XIV, quando era a base da grande tradição artesanal, que envolvia o corte e dobragem de folhas do metal. Ainda hoje, existe a Worshipful Company of Tin Plate Workers, no Reino Unido. Talvez um dos aspectos mais interessantes do estanho seja o seu som quando é dobrado. Conhecido como "choro do estanho", o som vem dos cristais se deformando.

Imagem: Vaso de flores, por Meirav Barzilay

Produção

As placas de estanho podem ser enroladas, facilmente soldadas, cunhadas, perfuradas, cortadas a *laser*, comportando-se bem com a maior parte de outros processos associados com trabalhos em folhas, isolados ou de produção em massa. Além disso, devido ao baixo ponto de fusão, o estanho pode ser forjado usando-se técnicas básicas e baratas, além dos métodos convencionais de larga escala.

Sustentabilidade
O estanho é não tóxico e reciclável.

+

- Ampla variedade de usos
- Processamento versátil
- Resistente à corrosão
- Baixo custo
- Reciclável

–

- Pode ter conotações de material de baixo valor

Características
- Mole e bastante maleável
- Forma facilmente ligas com outros metais
- Boa resistência à corrosão, excluindo ácidos minerais (ácido sulfúrico, clorídrico e nítrico)
- Baixo ponto de fusão: 232 ºC
- Reciclável

Custo
US$ 20 por kg.

Derivados
- O peltre contém mais de 85% de estanho
- Bronze
- O latão contém não mais que 40%
- A folha-de-flandres contém cerca de 17% de estanho

Aplicações típicas
A maioria do estanho é usada para soldas e folha-de-flandres. Tem um dos menores pontos de fusão dos metais, comparável ao chumbo. A folha-de-flandres é um dos materiais mais populares para a produção de brinquedos de corda. Outros usos incluem os tubos dos antigos cremes dentais e as latarias. Também é usado fundido, sobre o qual o vidro adicionado flutua gerando uma lâmina homogênea do chamado *float glass*.

Fontes
Os maiores produtores de estanho do mundo são China e Indonésia, seguidos pelos países da América do Sul, incluindo o Peru e o Brasil.

Titânio *Titanium (Ti)*

Meu irmão, com cinco anos de idade, tinha uma roupa de natação de neopreno com a palavra "titânio" colada no braço. Como tantos materiais com propriedades de alto nível, quando essa palavra é colocada à vista do consumidor, encaixa-se na obsessão moderna por "materiais avançados", que às vezes vai um pouco longe demais. O perfil de material avançado do titânio tem crescido desde sua introdução comercial em 1950, devido ao seu uso em aplicações de alta tecnologia, que exploram seu alto desempenho em termos do quociente força/peso.

Descoberto pelo químico britânico Reverendo William Gregor em 1791, o titânio recebeu esse nome inspirado no deus grego Titan, "a encarnação natural da força". É o nono elemento mais abundante da Terra, e é tão forte quanto a maioria dos aços, porém com menos que a metade do peso. Ele tem sido encontrado em meteoritos, e acredita-se que está presente também no Sol. Tem uma excelente resistência à corrosão, uma qualidade que justifica o seu uso na indústria aeroespacial, automotiva e marinha.

O titânio é um dos poucos metais cujo uso é permitido no corpo humano. Nesse grupo também se incluem o aço inoxidável, a liga de titânio-alumínio, a platina e a liga de cobalto-crômio.

Quase todo o minério de titânio extraído é transformado em pigmento branco, que é usado em uma variedade de produtos, do papel até a pasta de dente.

Imagem: Uma Leica M9 feita de titânio

Produção

Assim como a maioria dos metais, o titânio pode ser moldado a quente ou a frio em máquinas-padrão; contudo, devido à sua tenacidade à temperatura ambiente, é difícil de trabalhar, especialmente na forma de folha. Devido à sua pouca elasticidade, a moldagem do titânio precisa ser compensada pela sua tendência de "pular" de volta. Esses pontos podem ser trabalhados fazendo-se a moldagem do titânio em temperaturas elevadas. Embora não seja fácil, ele também pode ser soldado.

Sustentabilidade

A principal questão na extração do titânio é que, como a maioria dos metais, ela faz uso intensivo de energia, o que aumenta o custo. Embora não exista uma rotina de reciclagem, ele pode ser reciclado. A US Geological Survey estima uma produção global de 6,7 milhões de toneladas em 2011, com reservas acumuladas de 690 milhões de toneladas.

+	−
– Maior taxa força/peso entre todos os metais	– Alto custo de produção
– Resistente à corrosão	– Difícil de trabalhar a frio
– Biocompatível	– Uso intensivo de energia na produção
– Reciclável	

Características
- Excepcional desempenho força/peso
- Alta resistência à corrosão
- Biocompatível
- Baixa condutividade térmica
- Não magnético
- Tenaz
- Não é bom condutor elétrico
- Resiste a altas temperaturas, de até 1.660 °C
- Reciclável

Custo
US$ 21-28 por kg. Embora o titânio seja um elemento abundante, tem um custo elevado para chegar à forma metálica.

Fontes
América do Sul e Austrália são os dois maiores produtores.

Aplicações típicas
Ao redor de 95% do elemento extraído vai para a produção do pigmento dióxido de titânio. Apenas 5% são convertidos no metal. É usado para substituir juntas no corpo humano, em peças de aeronaves, em turbinas, em revestimentos de eletrônicos para o consumidor e em prédios (o prédio Frank Gehry, chamado de MOMA, em Bilbao, é coberto com titânio). As coberturas de nitreto de titânio frequentemente são usadas para proteger lâminas e manter as arestas afiadas em vários estiletes, brocas e lâminas de barbear. Nessa aplicação ele tem uma cor dourada, distinta de sua cor cinza-escura natural.

Derivados
Existem várias graduações para o titânio baseadas em vários tipos de ligas, e também quatro graus para o titânio puro. Abaixo estão os mais usados:
- Nitinol (níquel-titânio)
- Beta C (titânio, vanádio, crômio e outros metais)
- Titânio de grau médico (titânio, alumínio, vanádio)

Neodímio *Neodymium (Nd)*

O neodímio é um metal de baixa dureza que escurece rapidamente, mas é o que ele faz que é importante, não sua aparência. Para alguns, o elemento é mais valioso que ouro. Até há pouco tempo, o neodímio era apenas um dos dezessete elementos que compõem as terras-raras (REEs) na tabela periódica. Contudo, a importância desse grupo de elementos vem crescendo rapidamente, ao ponto de a British Geological Survey, em 2011, classificar as REEs no quinto grupo de elementos mais ameaçados. O neodímio é um dos muitos materiais que impulsionam o futuro dos nossos produtos, pois contribui para uma diversidade de indústrias.

Essa explosão de uso das REEs tem origem em uma série de dispositivos, centrados principalmente em torno da energia renovável, onde eles são usados para fazer motores mais eficientes e outras novas tecnologias como os *smartphones*. Uma das áreas mais significativas de aplicação são os ímãs, sendo o neodímio, junto com o cério, uma das terras-raras mais comuns, responsável por 30% dos ímãs existentes. Nesse campo, o neodímio é usado em ligas para criar ímãs superfortes, conhecidos como ímãs de terras-raras. Os ímãs podem inicialmente não parecer um grande mercado, porém uma sucessão de dispositivos, incluindo *smartphones* e máquinas de raios-X, dependem delas. É por essa razão que muitos esforços de pesquisa estão sendo feitos para descobrir alternativas sintéticas para o atual ímã mais forte do mundo, e que poderão estar entre os materiais mais relevantes do futuro.

Imagem: Imãs de neodímio

+	−
– Fonte de energia renovável	– Disponibilidade limitada
– Pode reduzir o brilho do vidro	– A mineração causa impacto ambiental
– Número crescente de aplicações	

Produção
O neodímio é geralmente encontrado como ímãs, que são feitos por sinterização ou ligação magnética, para uma variedade de usos.

Aplicações típicas
Cada carro Prius da Toyota usa cerca de 1 kg de neodímio no motor elétrico. Outra área de aplicação é em turbinas de vento, na forma de ímãs. O neodímio tem a habilidade de reduzir o brilho do vidro, e é usado em janelas de carro para diminuir a reflexividade. Também é usado em vidros de lâmpadas de baixa energia, e suas qualidades espectrais, quando usado em vidro, intensifica a cor das telas de TV. Em telefonia móvel, é usado para criar a função de vibração e como ímãs de fones de ouvido. Um dos derivados de neodímio é uma espécie de vidro (também conhecida como alexandrita), que muda de cor de acordo com diferentes condições de luminosidade. O vidro tem aparência lilás à luz do sol ou luz artificial amarela, ou cor azul quando sob luz fluorescente ou branca.

Sustentabilidade
A superexploração pode resultar na escassez dos elementos de terras-raras. De acordo com alguns relatos, a mineração para extrair neodímio pode gerar rejeitos radioativos.

Fontes
O neodímio está se tornando um material estratégico. A China tem o monopólio global, com 97% do suprimento do mundo, principalmente de uma única mina localizada na Mongólia. Atualmente, foram colocadas restrições à sua exportação, criando tensões políticas com o restante do mundo industrial, e forçando a descoberta de novas alternativas.

Custo
US$ 80 por kg.

Características
• Supermagnetismo com baixo peso
• Perde o magnetismo em temperaturas elevadas
• Pode diminuir a reflexividade do vidro

Derivados
Vidro de neodímio.

Níquel *Nickel (Ni)*

O níquel é o sexto elemento mais abundante da Terra, e um dos seus maiores usos está em conferir flexibilidade e também resistência à corrosão ao aço inoxidável. Como tal, é mais apropriado discutir o níquel como um ingrediente em muitas ligas, em vez de considerá-lo como um metal isolado.

O níquel é um metal dúctil, branco prateado, com boa resistência à corrosão. Contudo, quando forma ligas com outros componentes, como aço, crômio e titânio, ele intensifica suas propriedades, gerando o que chamamos de superligas. Uma área importante para aplicações é em motores de aeronaves, onde as superligas de níquel são usadas nas partes mais quentes das máquinas, cujas temperaturas superam 1.600 °C. Combinando-se ferro com crômio e níquel na proporção de 18% de crômio e 10% de níquel, obtém-se o ácido inoxidável 18/10, frequentemente encontrado na cutelaria.

O níquel também forma ligas com titânio (chamado de nitinol), que são conhecidas como ligas com memória de forma, as quais apresentam uma incrível elasticidade, indeformáveis, e usadas em sutiãs com fio e em armações de óculos. O nitinol tem vinte vezes mais elasticidade que o aço, sendo essa uma das propriedades mais interessantes no campo dos materiais inteligentes (*smart*), cuja importância cresce rapidamente. Ele apresenta um efeito de memória de forma, que permite a "programação" de efeitos específicos em um metal, geralmente na forma de fio, o qual, uma vez distorcido, retornará novamente à sua forma inicial se for aquecido.

Imagem: Clipes de papel com memória de forma

Produção

Como uma liga, seu processamento é dependente de seu parceiro. Mas, geralmente, a maioria dos processos de moldagem são aplicáveis, incluindo cunhagem, forja, rolagem e estiramento a frio.

Sustentabilidade

Assim como as aplicações das ligas de níquel já mencionadas, o metal também é usado em pigmentos para pintura, cerâmica, vidros e plásticos. Embora algumas pessoas tenham sensibilidade e reações alérgicas ao níquel, seu maior risco para a saúde está em certas etapas de seu processamento, no qual a exposição direta precisa ser limitada.

Características

- Quando forma liga com titânio, adquire superelasticidade e propriedades de memória de forma
- Boa resistência à corrosão
- Boa dureza
- Pode causar alergia de pele
- Alto ponto de fusão: 1.455 °C

+

- Componente essencial das superligas
- Boa dureza
- Resistente à corrosão
- Superelástico quando na forma de liga com titânio

—

- Pode causar irritação na pele

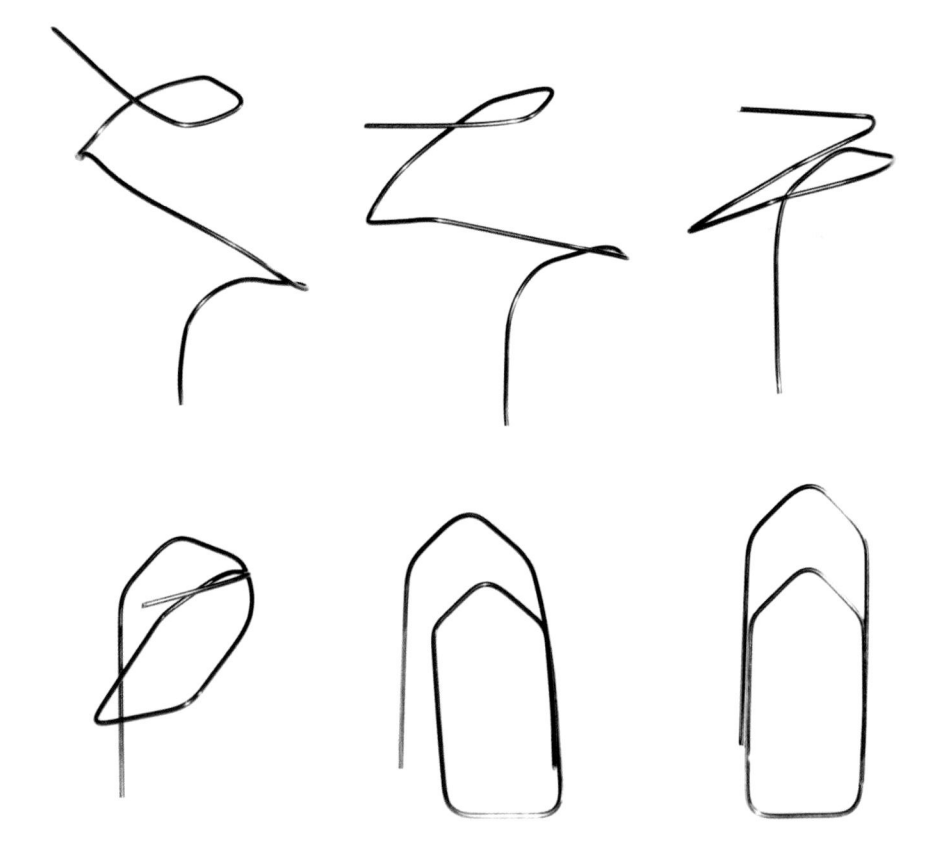

Fontes
Em 2009, a Rússia era o maior produtor de níquel, com um quinto da parcela mundial, seguida de perto por Brasil, Canadá e Austrália.

Custo
US$ 14 por kg.

Derivados
– Cupronickel (cobre-níquel)
– Nitinol (níquel-titânio)
– Nichrome (níquel-cromo)
– Aço inoxidável (crômio--níquel)
– Hastelloy
– Nimonic
– Inconel

Aplicações típicas
Os principais usos do níquel são em ligas, para fabricação de molas, baterias de níquel-cádmio, resistências e ligas superelásticas. Estas últimas são mais comuns do que você possa imaginar, e são usadas em aplicações diárias, que, além de sutiãs e armações de óculos, incluem também as áreas ortodôntica e de joias. Também é bastante usada em galvanoplastia e como substituto do aço nas lâminas de turbinas de motores a jato, pela capacidade de atuar em temperaturas extremas.

Zinco *Zinc (Zn)*

O zinco perde a notabilidade pela falta de associações fortes com outros metais, deixando de aproveitar, por exemplo, a leveza do magnésio e o toque de luxo da prata. Visualmente ele não impressiona, mas mesmo assim é um material muito importante, não apenas em si mas também como parceiro de outros metais.

As ligas de zinco podem ser consideradas alternativas metálicas mais prováveis para fazer componentes complexos com os plásticos. O zinco tem uma cor prateada azul-cinza, e é o terceiro metal não ferroso mais usado, depois do alumínio e do cobre. De acordo com a US Bureau of Mines, uma pessoa média irá usar 331 kg de zinco durante toda a sua vida.

Seu baixo ponto de fusão é uma das razões de o zinco ser um material ideal para forja. O zinco forjado está em todos os produtos que aproveitam a vantagem da adequação do metal para compor partes detalhadas e complexas, por exemplo, sob a película cromada das maçanetas de portas, torneiras de banheiro e tampas de rosca. Além do seu uso em forjas, sua alta resistência à corrosão o torna um bom parceiro do aço para a galvanização. Outro uso importante do zinco é na formação do latão, em liga com o cobre.

Imagem: Caixa de abrigo de faca Stanley, feita de zinco

Produção

Uma das principais formas de processamento de ligas de zinco utiliza a forja pressurizada. Outra forma envolve a forja com *spin* ou giro, adequado para avaliação rápida, antes da produção em maior escala. Em termos da aplicação de superfícies, o zinco pode ser eletrodepositado, pintado ou anodizado.

Sustentabilidade

De acordo com a US Geological Survey, em 2011, a produção do zinco estava ao redor de 12 mil toneladas por ano, com reservas de 250 mil toneladas. No mesmo ano, nos Estados Unidos, 53% do zinco utilizado foi proveniente de reciclagem. Sendo um material de baixo ponto de fusão, poder-se-ia argumentar que ele tem menos energia envolvida no processamento do que os metais de alto ponto de fusão.

+	−
– Baixo custo	– Relativamente quebradiço
– Ideal para fundição	
– Resistente à corrosão	– Não é atraente, mas aceita um bom acabamento
– Reciclável	

Aplicações típicas
Além do uso em galvanização como proteção anticorrosiva, as ligas fundidas de zinco têm sido usadas para produzir bronze. As ligas de zinco geralmente são difíceis de encontrar no estado original, visto que são frequentemente recobertas. Por exemplo, o saca-rolha comum de cozinha geralmente é feito de liga de zinco, mas recoberto com níquel. Como elemento químico, ele é indispensável ao nosso corpo, ajudando a manter o nosso sistema imune.

Fontes
O zinco é o 24º elemento mais comum na Terra. As minas de zinco estão dispersas em todo o planeta, sendo as principais localizadas na China, Austrália e Peru. A China produziu 29% do total mundial em 2010.

Características
- Alta resistência à corrosão
- Alternativa aos plásticos na reprodução de partes complexas
- Capaz de bom acabamento de superfície
- Baixo custo
- Relativamente quebradiço
- Boa dureza
- Forma ligas facilmente com outros metais
- Higiênico
- Baixo ponto de fusão
- Reciclável

Custo
US$ 1,8 por kg.

Fibra de carbono *Carbon Fibre*

O carbono existe tanto no estado cristalino como amorfo. É interessante ver como uma substância simples pode gerar uma diversidade de materiais, desde a grafite à fibra de carbono, e com propriedades contrastantes. Os materiais amorfos não têm formas definidas; quando quebram, podem mostrar faces curvas ou irregulares, e também podem amolecer e fundir acima de uma temperatura específica. Os materiais cristalinos consistem de cristais individuais e têm arranjos com formas bem definidas.

Embora tenha origem no mesmo elemento que existe no diamante, a fibra de carbono é um dos materiais de alta tecnologia feitos pelo homem e tem associações com produtos considerados de luxo. Ela consiste de filamentos pretos, brilhantes, formados por aproximadamente 90% de carbono. Suas características de material de alto desempenho fazem associações com a beleza do padrão das fibras e com a alta força de tensão proporcionada. Em comparação com um fio de cabelo, que tem uma força de tensão de 380 MPa, a fibra de carbono apresenta um valor de 4.137 MPa, ou seja, um dos maiores conhecidos entre os materiais. Isso é parcialmente devido à sua estrutura atômica. Ao contrário das estruturas encontradas na grafite – outra forma de carbono –, que lembram as cercas de arame de galinheiro, as fibras de carbono consistem de fitas de átomos de carbono alinhadas em paralelo ao eixo das fibras, o que as torna bastante fortes.

Imagem: Mesa de Terence Woodgaate

Produção
As fibras de carbono são uma das mais empregadas em compósitos avançados. Elas podem ser usadas em têxteis, combinadas com resinas de epóxi ou poliésteres, para reforçar os plásticos em processos como filamento contínuo (*filament winding*), pultrusão e moldagem em autoclave, para dar uma maior eficiência de força/peso que os metais.

Sustentabilidade
A maior razão força/peso dos compósitos de fibra de carbono geralmente traz uma redução de peso em muitas aplicações, especialmente na aviação e transporte, que pode resultar em economia de combustível. A principal questão ecológica com qualquer material compósito é sua reciclagem. Embora o número de companhias capazes de separar matérias brutas venha crescendo, os compósitos são notoriamente difíceis de serem reutilizados. Contudo, já existe um número limitado de empresas que conseguem reciclar as fibras de carbono.

+
- Relativamente leve
- Alta força de tensão
- Resiste a altas temperaturas

–
- Opções limitadas de reciclagem

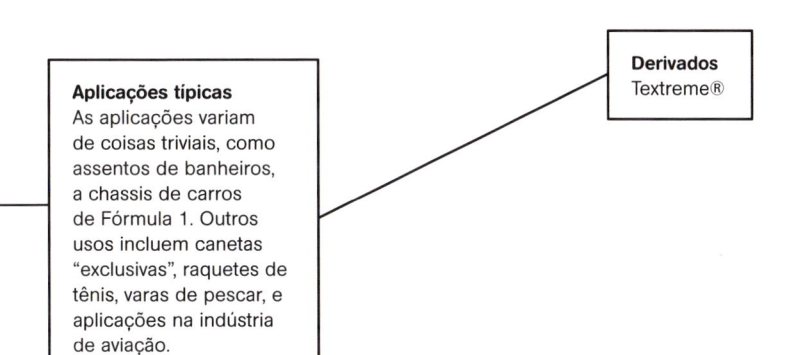

Derivados
Textreme®

Custo
US$ 35 por kg.

Aplicações típicas
As aplicações variam de coisas triviais, como assentos de banheiros, a chassis de carros de Fórmula 1. Outros usos incluem canetas "exclusivas", raquetes de tênis, varas de pescar, e aplicações na indústria de aviação.

Características
- Alta eficiência força/peso
- Quatro vezes mais forte que o aço
- Resistente à compressão
- Quimicamente inerte
- Resistente a produtos químicos
- Baixa fricção
- Não tóxico
- Boa firmeza
- Pode resistir a temperaturas elevadas

Fontes
Bastante disponível.

Grafite *Graphite*

Como é possível um material apresentar aplicações de alta tecnologia, como em artigos esportivos, e também ter atributos tão simples como na escorregadia ponta de um lápis? Curiosamente, é um engano comum pensar que a ponta do lápis seja feita de chumbo (nos países de língua inglesa, em que chumbo e grafite são representados pela mesma palavra, *lead*). Grafite, fibra de carbono e diamante são todos alótropos do carbono – diferentes estruturas atômicas baseadas no mesmo elemento.

Tanto a grafite como o diamante demonstram, em nível atômico, a importância das propriedades dos materiais, e como muda a funcionalidade quando a estrutura é alterada. A extrema dureza do diamante é baseada na estrutura tetraédrica, enquanto a grafite tem uma estrutura em camadas – imagine várias telas de galinheiro colocadas uma sobre a outra. São as camadas que proporcionam as propriedades escorregadias do grafite – três milhões de camadas teriam a espessura de 1 mm.

Essa forma alotrópica do carbono, com o aspecto escuro e prateado que define o visual típico da grafite, é marcado por três formas: grafite em lâminas, apresentando estrutura cristalina; grafite amorfa, macia e não cristalina; e grafite sintética, que é a forma comercial mais usada. Uma das características mais interessantes da grafite são suas excelentes propriedades condutoras; algo que pode ser demonstrado traçando uma linha com lápis entre dois contatos elétricos. Essa é a ideia por trás da lâmpada de grafite de Paul Cocksedge mostrada aqui. A trilha de grafite completa o circuito, conduzindo eletricidade até a lâmpada.

Imagem: Lâmpada de grafite de Paul Cocksedge

＋	＿
– Boa condutividade elétrica	– Gera preocupações ambientais
– Alta relação força/peso	– Tende a soltar escamas e a quebrar com facilidade
– Boa resistência química	
– Boa resistência ao choque térmico	

Produção
A grafite pode ser moldada, sinterizada e usada como lubrificante na forma de pó, e adicionado a metais e plásticos para torná-los mais fortes.

Sustentabilidade
Se não forem exploradas de forma responsável, as minas de grafite podem poluir o ar e o solo, com a dispersão dos sólidos, contribuindo inclusive para a contaminação com metais pesados. A grafite é um dos materiais que está sendo explorado em aplicações energéticas alternativas.

Características
- Alta relação força/peso
- Resistente à compressão
- Quimicamente inerte
- Resiste a produtos químicos
- Baixa fricção e autolubrificante
- Não tóxico
- Boa rigidez e capacidade de absorver energia
- Permite ser trabalhada com máquinas
- Boa condutividade elétrica
- Solta escamas e quebra com facilidade
- Alta resistência ao choque térmico
- Resiste a até 3.000 ºC

Fontes

A China é de longe o maior produtor de grafite. Outros países são: Ucrânia, Brasil, Rússia, Canadá, Índia, Zimbábue, Noruega, Moçambique, Sri Lanka, Alemanha e Madagascar.

Aplicações típicas

Em nível básico, a grafite é usado em objetos comuns, como o lápis, onde suas qualidades frágeis, deslizantes, são usadas até para desenhar uma trilha elétrica em pedaço de papel. Sua estrutura em placas torna um bom lubrificante, especialmente em altas temperaturas. Mas, em nível avançado, é um componente-chave em equipamentos esportivos, onde é utilizada em tacos de golfe e em raquetes de tênis, pela sua alta eficiência força/peso e alta absorção de energia. A grafite também é usada em baterias de lítio, que representam uma fonte de energia cada vez mais importante em veículos e em outras áreas tecnológicas.

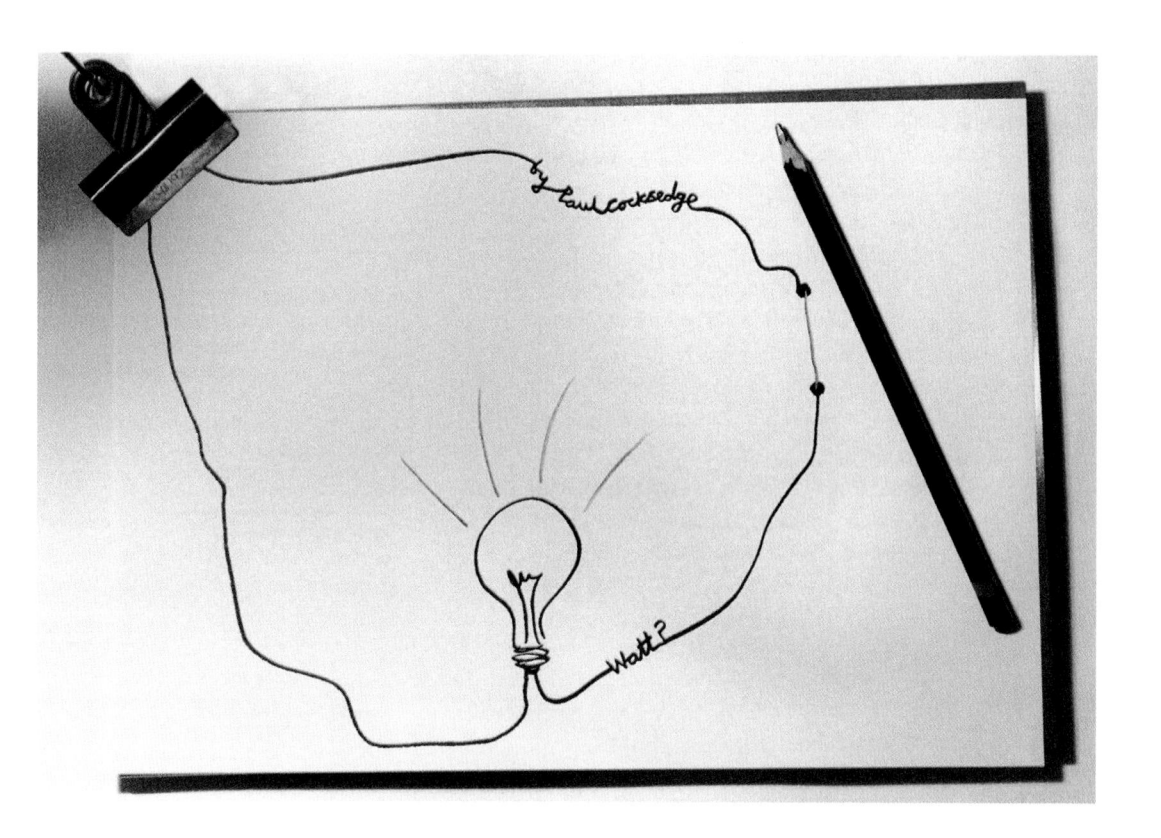

Custo

O custo varia com o grau de qualidade, mas geralmente fica entre US$ 0,50-4 por kg.

Derivados

– Grafeno: camadas simples de grafite, com alto potencial na eletrônica. Foi com esse material que Andre Geim e Konstantin Novoselov, da Universidade de Manchester, conquistaram o Prêmio Nobel de 2010.
– Grafite pirolítica: um material que flutua sobre fortes campos magnéticos.

Ferro *Iron (Fe)*

Um dos elementos mais abundantes no planeta – e no universo – e um dos mais antigos ainda produzidos é o ferro, que continua sendo o material mais usado pelo homem. Seu momento decisivo na história aconteceu quando a evolução humana já era caracterizada pela aplicação dos materiais. O ferro marcou o seu ponto na história quando a exploração de suas propriedades dúcteis permitiu o desenvolvimento de novas ferramentas que iriam transformar o mundo. Contudo, além de seu uso como a base do aço, hoje existe um número limitado de aplicações em que o designer o aproveitaria na forma bruta.

Nessa forma, o ferro pode ser forjado ou martelado. Suas propriedades variam com o grau, mas o ferro batido (martelado) – termo que descreve o processo de trabalhar ou conformar o metal – é geralmente mais rígido e menos quebradiço que o ferro forjado. Contudo, ele existe em uma variedade de formas, como ferro-gusa (*pig iron*), ferro dúctil, ferro branco, ferro-grafite compactado, ferro maleável e as altas ligas de ferro (*high alloy irons*). Um dos aditivos-chave usados para mudar as propriedades do ferro é o carbono. Ele é usado na fabricação do aço. Como regra, quanto maior o teor de carbono, mais quebradiço é o aço.

Culturalmente, esse metal cinza lustroso é tratado como um material pouco refinado, grosseiro. Não é usado pela beleza, mas por conferir bom desempenho e, às vezes, para tirar proveito de seu peso ou densidade. Por isso, é um material mais adequado para a indústria.

Imagem: Castiçal de ferro forjado, de David Mellor

+	−
– Processamento versátil	– A mineração causa impactos ambientais significativos
– Baixo custo	– Relativamente quebradiço
– Muito forte	– Pouca resistência à corrosão
– Reciclável	

Produção
A temperatura relativamente baixa de fusão do ferro o torna adequado para uma variedade de volumes de produção, desde uma peça pequena individual feita de ferro batido aos métodos de produção maciços, baseados em ferro forjado. Como um material relativamente quebradiço, uma das principais considerações durante a produção é evitar formatos finos e pontas agudas, que tornam o ferro susceptível à quebra.

Sustentabilidade
O ferro é um dos elementos mais abundantes na Terra. Contudo, os processos de extração do minério e o uso de calor para transformá-lo causam preocupação em termos do impacto ambiental.

Derivados
– Ferro antracita (carbono)
– Ferro forjado (carbono)
– Ferro-gusa (carbono)
– Ferro batido (carbono)

Fontes

De acordo com a US Geological Survey, em 2011, o consumo mundial de aço foi estimado em 1.398 milhões de toneladas. A China é responsável por quase a metade da produção de ferro do mundo, com 700 milhões de toneladas em 2011.

Características

Existem grandes diferenças nas propriedades do ferro, dependendo de sua forma e de como foi processado.

- Em sua forma pura, ele é muito dúctil, é corroído facilmente e é quimicamente reativo
- Tem boa força de compressão
- Alta dureza
- Magnético
- Relativamente baixa temperatura de fusão: 1.538 °C
- Reciclável

Custo

O preço é variável, mas, em geral, tende a ser o metal mais barato de todos.

Aplicações típicas

O ferro forjado foi usado em tudo o que conduziu à revolução industrial, como pontes, construções (a Torre Eiffel foi feita com ferro forjado), maquinários e transporte. Hoje, é usado em panelas de cozinha e tampas de bueiros. Qualquer criança, se indagada sobre suas experiências engraçadas em ciência, apontará as bolinhas magnéticas de ferro. O ferro batido data dos tempos dos romanos. Como elemento, é essencial ao organismo.

Molibdênio *Molybdenum (Mo)*

O molibdênio é um metal que quase sempre está presente em uma liga e, como tal, não é comparável com os outros metais. A razão de sua inclusão neste bloco de metais ferrosos está em sua características funcionais, e não estéticas. A característica de desempenho mais notável do molibdênio é o fato de ter o ponto de fusão mais elevado de todos os metais e, juntamente com o carbono, de ser um dos elementos mais efetivos para tornar as ligas de aço mais duras. É semelhante ao tungstênio, que frequentemente é usado como substituto, porém permite chegar ao mesmo resultado com quantidades bem menores.

O molibdênio e o vanádio são usados em pequenas quantidades no aço para aumentar sua força de tensão e tenacidade. Ele aumenta a resistência à fadiga do aço, e isso contribui para o desempenho das facas de cozinha produzidas pela Global®. Os designers das ferramentas se inspiraram na tradição das espadas dos samurais japoneses, nas quais cada lâmina é trabalhada manualmente para formar uma construção inteiriça, sem emendas. O aço de molibdênio/vanádio é temperado por choque térmico com gelo, para produzir uma lâmina dura e afiada, capaz de resistir a manchas e corrosão.

Para seu uso nas facas, é importante entender como funciona. Nos aços inoxidáveis, a resistência à corrosão geralmente vem da presença de crômio, que forma espontaneamente um filme protetor inerte na superfície do aço. O molibdênio acentua as propriedades do filme, tornando-o mais forte e auxiliando a fazer a sua regeneração rapidamente quando danificado. Além disso, ele aumenta a resistência do aço inoxidável a corrosão e rachaduras.

Imagem: Faca da Global®

Produção

A principal aplicação do molibdênio está em áreas onde é usado para fazer ligas. Na forma pura, sua baixa dureza permite que seja transformado em lâminas finas e fios. O molibdênio e suas ligas podem ser moldados pelos processos convencionais, como por meio de dobras, perfuração, cunhagem, estiramento e rotação, mas, ao contrário dos outros metais, ele não pode ser endurecido por tratamento com calor. Um processo conhecido como deposição a vapor, ou jateamento térmico, também pode ser usado para aplicar o metal como revestimento protetivo. Ele também pode ser trabalhado usando injeção em molde, e soldado, porém nesse caso só para aplicações que não estão sujeitas a forte tensão.

+	−
– Alta força de tensão	– Não pode ser endurecido por tratamento com calor
– Resiste a altas temperaturas	– Caro, em termos comparativos
– Boa rigidez	
– Compatível com alimentos	
– Resistente à corrosão	

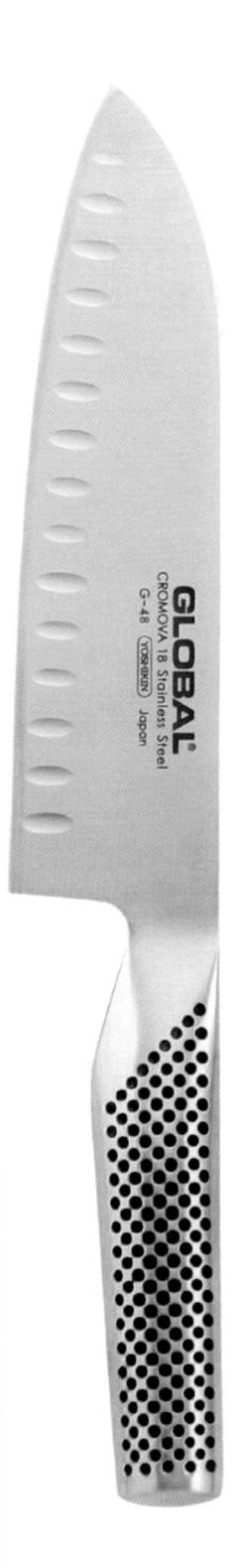

Sustentabilidade

Estimativas da US Geological Survey em 2012 indicam reservas conhecidas de 20 milhões de toneladas em 2012. Também tem sido relatado que o molibdênio metálico e suas superligas são recuperáveis, porém a quantidade é pequena. Embora o molibdênio não seja recuperável dos pedaços de aço descartados, a reciclagem do aço é significativa e, dessa forma, o teor de molibdênio contido é reutilizado. A quantidade de molibdênio reciclado como parte de aços novos, velhos e descarte pode chegar a 30% do suprimento aparente de molibdênio. Comparado com outros metais pesados, ele tem baixa toxicidade, razão pela qual pode ser usado em equipamentos que processam alimentos.

Custo

US$ 90-120 por kg.

Características

- Alta força de tensão em temperaturas elevadas
- Boa resistência à corrosão
- Alta rigidez
- Dúctil
- Tem 34% da condutividade elétrica do cobre
- Alta temperatura de fusão: 2.610 ºC

Derivados

- Aço Hyten (níquel, crômio e molibdênio)
- Aços inoxidáveis duplex

Fontes

A maior parte do molibdênio é produzida nos Estados Unidos, Noruega, China, Chile, México e Peru. Ele é extraído de minérios e também dos subprodutos das minas de cobre e tungstênio.

Aplicações típicas

Um dos usos mais interessantes do molibdênio é em placas de aço em tanques blindados, mas um de seus principais usos está na substituição do tungstênio em aços inoxidáveis rápidos. Ele pode formar ligas com aço, para aumentar a resistência a altas temperaturas, por exemplo, em ferramentas de corte de aço. Contudo, a maior aplicação do molibdênio está no aço estrutural, onde tem sido usado como revestimento em arranha-céus.

Aço inoxidável *Stainless Steel*

Quando a Apple lançou seu primeiro iPod, foi uma decisão audaciosa usar o aço inoxidável no seu exterior. Realmente é bonito, mas também é um material que vai contra as expectativas, porque amassa e risca facilmente. Contudo, o uso desse material no lugar do plástico mudou as expectativas do mundo em termos dos materiais de consumo na eletrônica.

Muito antes de a Apple ter modificado a percepção das aplicações do aço inoxidável, sua introdução – com a patente tirada em 1914 – proporcionou a oportunidade de uma nova linguagem para produtos, e em novos territórios. Este aço forte que não enferruja mudou o mundo desde suas origens em Sheffield, no Reino Unido, que tornou-se um centro global para esse material.

O aço inoxidável é um aço com liga de crômio, níquel e outros elementos. Ele deve sua propriedade "inoxidável" ao crômio, que cria uma camada invisível, resistente e autorregenerante de óxido metálico em sua superfície, a qual pode ser melhorada ainda mais com molibdênio. A classificação do aço inoxidável é geralmente baseada na porcentagem relativa de crômio e níquel: 18/10, por exemplo, significa 18% de crômio e 10% de níquel, o ingrediente que dá um brilho de prata. O aço 18/0 é muito mais barato que o 18/10, e tem sido mais empregado em cutelarias por esse motivo. O aço 18/10 proporciona maior proteção contra corrosão e tem um brilho suave: a maioria dos produtos contemporâneos são feitos com esse aço de melhor qualidade. Tanto o 18/0 como o 18/10 são resistentes quimicamente, e podem ser colocados nas lavadoras de louça.

Imagem: Tigela Super Star TK03 por Tom Kovac, da Alessi

+	−
–Processamento versátil	– Alto custo
– Extremamente resistente	– Difícil de trabalhar a frio
– Tem bom acabamento	
– Resiste a altas temperaturas	
– Reciclável	

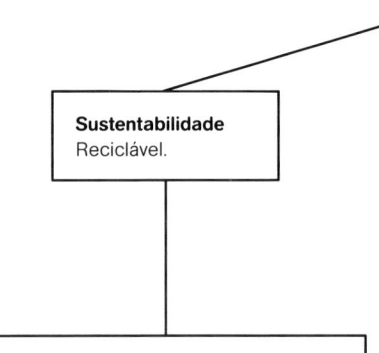

Sustentabilidade
Reciclável.

Derivados

Existem quatro principais tipos de aço inoxidável:

O aço **austenítico** é o mais usado. Ele tem um teor de níquel de no mínimo 7%, que proporciona ductibilidade, uma boa faixa de temperatura de trabalho, propriedades não magnéticas e facilidade de soldagem. As aplicações incluem utilidades domésticas, recipientes, encanamentos e vasos industriais, estruturas de prédios e fachadas de edifícios.

O aço **ferrítico** inoxidável tem propriedades semelhantes ao aço doce, comum, mas com melhor resistência à corrosão. As formas mais comuns desse aço contêm 12% e 17% de crômio, sendo a primeira mais usada em aplicações estruturais e a segunda em utensílios domésticos, aquecedores e máquinas de lavar.

O aço **ferrítico-austenítico** tem estrutura formada por ambas as formas, daí o nome de aço inoxidável duplex. Esse aço tem alguma quantidade de níquel em estrutura parcialmente austenítica. A estrutura duplex proporciona força e ductibilidade. Os aços duplex são mais usados na petroquímica, papel, polpa e indústria naval.

O aço inoxidável **martensítico** contém entre 11% e 13% de crômio, e é tão forte quanto duro, com moderada resistência à corrosão. Esse aço é mais usado em lâminas de turbinas e em facas.

Produção

Comparado com outros aços, o aço inoxidável é relativamente versátil em termos de processamento – pode ser dobrado, curvado, forjado, esticado e enrolado. Os tipos-padrão são difíceis de trabalhar com máquinas por causa da dureza do material, embora existam graduações específicas mais convenientes. Em consequência dessa versatilidade, torna-se adequado para produção em grandes volumes ou mais dirigida para uma aplicação específica.

Fontes

De acordo com a US Geological Survey, em 2011, o consumo mundial foi da ordem de 1.398 milhões de toneladas. A China é responsável pela metade da produção do mundo, que em 2011 chegou a 700 milhões de toneladas.

Custo

US$ 5 por kg.

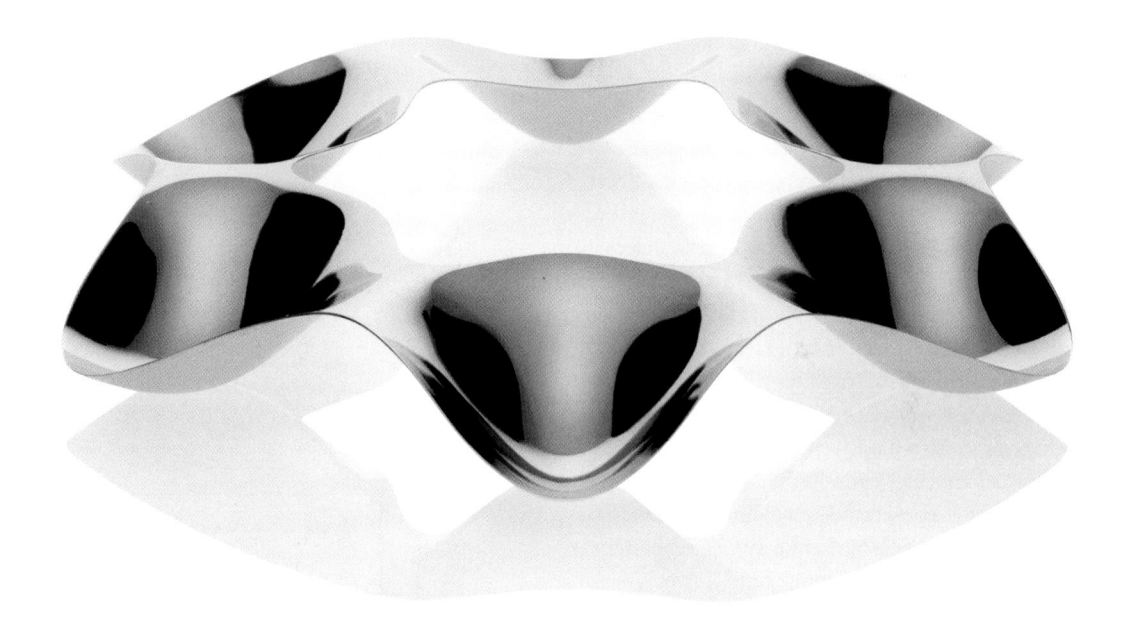

Aplicações típicas

O aço inoxidável geralmente é usado em ambientes onde há risco de corrosão e que deva ser resistente ao calor: suas propriedades tem sido exploradas em equipamentos de cozinha, artigos de mesa, arquiteturas, maquinários, fechos e engrenagens de produção. Nas construções, possivelmente uma das mais interessantes aplicações pode ser vista nos reluzentes painéis do topo do Edifício Chrysler em Manhattan (N. York). Ele também é capaz de remover odores da pele e para isso é apresentado como um artefato anatômico para limpar as mãos.

Características

- Não corrosível
- Excelente tenacidade
- Permite alto polimento
- Difícil de trabalhar a frio devido à sua dureza
- Resistência a altas temperaturas
- Peso elevado
- Custo elevado
- Reciclável

Aço *Steel*

Um dos materiais mais importantes do mundo é o aço, pelo balanço entre força, facilidade de formação e preço. O aço sugere associações com a indústria pesada, mas para realmente entender seu valor para o mundo, podemos considerá-lo como um material bruto do qual uma grande variedade de derivados, com diferentes nuances, pode ser formada.

O aço é obtido combinando o ferro com pequenas quantidades de carbono. É a inclusão do carbono, em vários graus, e a forma como o oxigênio é deixado escapar durante o processo que determinam as propriedades dos tipos de aço formados. Esses tipos de aço podem ser divididos em dois grupos principais: aços de carbono e aços de liga. Dentro do grupo dos aços de carbono, existem outras categorias que incluem o aço comum ou doce, o aço médio e o com alto teor de carbono. Quanto menor o teor de carbono, mais "doce" é o aço, mas também mais resistente; quanto maior for o teor, mais duro ele fica (isto é, ele conserva a forma por mais tempo), até atingir 4% de carbono, quando o metal se torna ferro forjado.

O trabalho com aço a frio aumenta sua força e diminui a ductibilidade, e, como o alumínio, os aços podem ser transformados em ligas para melhorar suas propriedades físicas. Essas ligas incluem o chumbo, para melhorar a processabilidade com máquinas; o cobalto, para aumentar a dureza a altas temperaturas; e o níquel, para aumentar a resistência. Assim como o alumínio, o aço é classificado por um código de quatro dígitos.

Imagem: Tigela Krenit, de Normann Copenhagen

Produção
O recozimento – aquecimento para tornar mais mole – é uma das maneiras de processar o aço. Além disso, ele pode ser forjado, trabalhado com máquina, enrolado, extrusado, cunhado e aplicado em muitas outras formas de moldagem para metais.

Sustentabilidade
O aço requer mais energia térmica para moldar do que os plásticos. Altamente disponível, pode ser reciclado, usando pouca energia, em comparação com outros metais.

+	−
– Muito forte	– Pouca resistência à corrosão
– Processamento versátil	
– Baixo custo	
– Forte	
– Reciclável	

Características
- Rígido
- Pode ser moldado usando menos energia, em termos comparativos
- Baixo custo
- Pesado
- Sujeito à corrosão
- Reciclável

Derivados
- O aço é frequentemente combinado com tungstênio, manganês e crômio para formar ligas
- Aço inoxidável (crômio-níquel)
- Aço silício (silício)
- Aço de ferramenta (tungstênio ou manganês)
- Aço bulat
- Chromoly (crômio-molibdênio)
- Cadinho de aço
- Aço damascus
- Aço HSLA
- Aço rápido
- Aço maraging
- Aço reynolds 531
- Aço wootz

Aplicações típicas
O aço doce é usado em elementos estruturais em edifícios, por exemplo em trilhos e vigas reforçadas. O aço de carbono médio é usado na indústria pesada para trilhos de trem. O aço de alto carbono é usado para ferramentas de corte, como talhadeiras e brocas, e em cordas de violino e piano.

Bone china *Bone China*

A força inerente de um material reflete nas formas dos materiais que podem ser produzidos com ele. Essa é uma das características físicas da bone china, permitindo que ela seja moldada em peças finas, delicadas, que dão requinte aos quadros que ilustram senhoras refinadas, tomando chá. O interessante é que este material é feito, em parte, de um subproduto da indústria de alimento, com 50% dos ingredientes constituídos por cinzas de ossos (fosfato de cálcio) – responsável pelo nome bone atribuído à porcelana – além de 25% de caulim (argila branca) e 25% de quartzo.

Um oleiro inglês desenvolveu a porcelana bone china no século XVIII, quando tentava replicar a porcelana da China, já conhecida havia milhares de anos. Embora ambas sejam duras, brancas e translúcidas, a bone china e a porcelana são materiais diferentes e requerem processamentos distintos; por exemplo, a bone china é calcinada em temperaturas mais baixas que no caso da porcelana. Ela pertence à categoria das cerâmicas vítreas – que contêm vidro –, com uma dureza apropriada que possibilita fazer seções finas, delicadas e ricas em detalhes. O fato de ser uma cerâmica vítrea também proporciona resistência à umidade. A cor da bone china é branca, mas também é distinta da porcelana, que traz o branco com tons ligeiramente creme; contudo, ambas são translúcidas.

Imagem: Vaso esmagado, por JDS Arquitetos, da Muuto Denmark

Produção

A produção da bone china segue métodos semelhantes ao de outras cerâmicas, incluindo *slip casting*, extrusão, moldagem interna e externa com rotação e moldagem por compressão. Devido à sua força, é adequada para o *slip casting*, que permite chegar a paredes bem finas.

Sustentabilidade

Como materiais inertes, as cerâmicas não se degradam. Para gerar cerâmica, deve ocorrer uma reação química irreversível, portanto, ao contrário dos termoplásticos, que podem ser reaquecidos e reusados, as cerâmicas não são recicláveis, no sentido de que não podem ser remoldadas. Contudo, elas podem ser trituradas e usadas como aditivos e cascalhos para várias aplicações industriais. A principal questão com as cerâmicas é o calor intenso usado durante a queima e, frequentemente, quando se faz uma vitrificação ou esmaltagem, uma segunda queima se faz necessária.

Derivados

Pedra cornish, também chamada de pedra china, menos decomposta que o caulim, e contendo uma grande quantidade de feldspato.

+	−
– Muito forte e duro	– Relativamente caro
– Resistente à água	– Não reciclável
– Excelente resistência química	– A produção demanda uso intensivo de energia
– Pode ser moldada em seções muito finas	

Fontes

Caulim, um dos principais ingredientes da bone china, é extraído em diversos lugares no Reino Unido, e um deles é Cornwall. Na França é extraído em Limoges. No Reino Unido, Stoke-on-Trent é o lar de muitos produtos cerâmicos.

Custo

O custo da matéria-prima, a alta tolerância necessária em temperaturas de queima e os cuidados gerais necessários para a produção tornam o processo caro em relação a outras cerâmicas.

Aplicações típicas

Esta cerâmica inglesa de alta qualidade é usada em utensílios de mesa. O caulim, entretanto, é usado para fazer várias formas de porcelana, como um pó abrasivo, como um material refratário, como isolante elétrico, como pigmentos em tintas e como um aditivo para moldes plásticos para reduzir a absorção de umidade. A cerâmica vítrea china é também usada para fazer utensílios sanitários, por apresentar resistência à umidade.

Características

- Cerâmica forte que permite espessuras finas
- Excelente dureza
- Menos quebradiça que a porcelana
- Boa resistência elétrica
- Branco mais intenso que a porcelana
- Translúcida
- Vítrea, resistente à água
- Excelente resistência química
- Não porosa
- Utiliza a queima em temperaturas ao redor de 1.200 °C

Porcelana *Porcelain*

A porcelana é um material de fino trato: capaz de ser decorativa e delicada, e com uma história que vem de 600 d.C. na China. Sua procedência é a razão de frequentemente ser chamada de china. Não foi senão até a invenção da bone china, na Inglaterra, no século XVIII, que a porcelana teve um competidor, prevalecendo porém como uma cerâmica fina, dura, fantasmagoricamente branca e translúcida.

A porcelana não é só adequada para jantares refinados, mas suas propriedades que conjugam dureza e isolamento elétrico, também a tornam ideal para aplicações mais rústicas. Como material para isolamento elétrico, a porcelana tem sido usada em velas de ignição, acendedores e isolamento de cabos de força; seu uso nesses produtos caminhou de mãos dadas com a eletricidade.

Os isolantes elétricos para cabos de força e ferrovias ganharam destaque, por causa da necessidade de mover a eletricidade de um lugar para outro. Os variados tipos de isoladores elétricos feitos de porcelana que existem no mundo são fornecidos em diversas formas e cores. Essas diferentes formas refletem os distintos requisitos de força onde serão colocados. Eles também precisam ser projetados pra acomodar vários graus de isolamento; outros foram feitos para prender os fios com eficiência. Alguns fabricantes chegaram até a patentear as formas.

Imagem: Tigelas de arroz, por Alexa Lixfeld

+	−
– Muito forte e duro	– Não reciclável
– Excelente resistência elétrica e química	– A produção envolve uso intensivo de energia
– Processamento versátil	
– Pode ser moldado com partes finas	

Produção

Como na bone china (vide página 202), a força do material significa que ele pode ser moldado em seções de paredes finas, encaracoladas, adequadas para *slip casting* (NT: como na moldagem de vasos de barro com movimentos giratórios). Métodos tradicionais de produção cerâmica também se aplicam, como torneamento, extrusão e moldagem por compressão. Os isolantes de ferrovias ainda são feitos manualmente em tornos.

Sustentabilidade

Como um material inerte, as cerâmicas não degradam. Para produzir as cerâmicas, a reação química deve ser irreversível e, portanto, ao contrário dos termoplásticos, que podem ser refundidos e reusados, as cerâmicas não podem ser recicladas, no sentido de que não podem ser novamente moldadas. Contudo, elas podem ser trituradas e usadas como aditivos e cascalhos para várias aplicações industriais. A questão principal com as cerâmicas é o calor intenso usado na queima e, frequentemente, quando a cerâmica precisa de cobertura vítrea ou esmalte, será preciso outro processo de queima.

Custo

A porcelana tem um custo de cerca da metade da bone china, mas é mais cara do que a cerâmica de barro ou argila e a de terracota.

Cerâmica de barro *Earthenware*

As cerâmicas de barro são simplesmente cerâmicas, sem personalidade. De fato, se você compará-las com alimento, elas parecerão como um arroz sem tempero. Contudo, sua contribuição para o mundo é inegável. Por exemplo, é provável que a xícara de café sobre a sua mesa, que você saboreia enquanto está lendo esta página, seja de cerâmica de barro. Isso porque ela responde pelo maior volume de produção de cerâmica, por seu balanço favorável de características úteis, além da disponibilidade e bom preço.

Em comparação com a porcelana, louça e bone china, a cerâmica de barro contém menos vidro. Como resultado, essa cerâmica é porosa e precisa ser coberta com vidro, para poder segurar líquidos. Ao contrário da porcelana vítrea, transparente ou china, a cerâmica de barro é opaca. Não é tão forte nem tão densa como a bone china ou porcelana, e tem tendência para lascar. Mas também tem a vantagem de ocorrer menor distorção nas baixas temperaturas usadas para sua queima e, portanto, de ser mais estável durante o processamento, razão pela qual é tão prevalecente.

Imagem: Tigelas, de Ineke Hans para a Royal VKB

Produção
Ao contrário da porcelana ou bone china, que são materiais requintados, as cerâmicas de barro são mais fáceis de processar. Tanto na produção isolada como em massa, a cerâmica de barro atrai pela forma e custo de produção. Assim como outras cerâmicas, ela pode ser extrusada e torneada à mão ou com máquina.

Sustentabilidade
Sendo um material inerte, a cerâmica não degrada. Para produzi-la é necessário que uma reação química irreversível aconteça. Ao contrário dos termoplásticos, que podem ser refundidos e reutilizados, as cerâmicas não são recicláveis, no sentido de que não podem ser remoldadas. Contudo, elas podem ser trituradas e usadas como aditivos e cascalhos para várias aplicações industriais. A principal questão com a cerâmica é o intenso calor utilizado em sua queima e, frequentemente, quando a cerâmica precisa de cobertura vítrea, isso significa uma segunda queima.

+	−
– Processamento versátil	– Tende a lascar
– Baixo custo	– Não é reciclável
– Estável durante o processamento, ao contrário de algumas cerâmicas	– Utiliza energia intensiva na produção

Características
- Processamento versátil
- Facilidade de moldar
- Baixo custo
- É mais susceptível a lascar que a bone china ou porcelana
- Não é tão densa quanto a louça
- Quando uma cerâmica queima abaixo de 1.200 °C ela é classificada como cerâmica de barro

Fontes
Bastante disponível.

Custo
É uma cerâmica de baixo custo.

Aplicações típicas
É difícil de obter formas estreitas quando se usa a cerâmica de barro. É a cerâmica que começou ser usada na cozinha e, depois, em todas as áreas, de sanitários a canecas e pratos.

Cerâmica de louça *Stoneware*

Os primeiros exemplos de cerâmicas de louça ou pedra, datam da Dinastia Shang, na China, dois milênios a.C. O nome cerâmica de pedra, ou louça, já é sugestivo em termos das qualidades envolvidas. Assim como a porcelana e a *bone china*, a cerâmica de louça não é porosa, sendo dura e resistente à água. Contudo, ao contrário da cerâmica de barro – e da mesma forma que a bone china e porcelana –, ela é uma cerâmica vítrea, o que significa que contém vidro; isso resulta em um produto que é adequado para conter líquidos sem necessidade de recobrimento, embora os produtos para mesa e objetos decorativos frequentemente sejam recobertos para dar um acabamento atraente. A cerâmica de louça é mais difícil de lascar do que a cerâmica de barro, e mais opaca que a porcelana. Geralmente é cinza ou marrom, devido às impurezas na argila. A fabricante inglesa de utensílios de mesa Wedgwood usa uma cerâmica de louça de forma específica conhecida como jasper, que é marcada por seu acabamento texturizado distinto, áspero, de cor azul pálida.

Diferentes tipos de cerâmicas de louça estão disponíveis, desde as tradicionais – que são densas e baratas, feitas de argilas de menor qualidade – às cerâmicas de louça químicas, que são feitas da matéria-prima mais pura e podem ser usadas para criar vasos grandes, inclusive para guardar líquidos altamente corrosivos, como ácidos.

Imagem: Luminária de mesa de trabalho, por Dick van Hoff

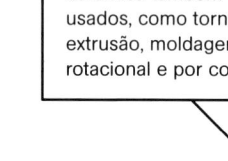

Produção
Como a bone china, a força da cerâmica de louça permite obter seções finas, adequadas para moldagem por *slip casting*. Métodos tradicionais de produção de cerâmica também podem ser usados, como torneamento, extrusão, moldagem rotacional e por compressão.

+	−
– Muito dura	– Não reciclável
– Resistente à água	– A produção faz uso
– Baixo custo	intensivo de energia
– Boa resistência elétrica	
– Boa durabilidade	

Terracota *Terracotta*

A terracota tem sido usada deste os tempos antigos – por exemplo, o exército de terracota da China data de 210-209 a.C. Uma das expressões mais simples da cerâmica de barro, a terracota é o material usado em vasos de flores, mas, por trás de sua textura de biscoito digerível escurecido pelo sol, ocorre um fenômeno científico interessante que na realidade contribui para a funcionalidade do produto, e que a maioria das pessoas desconhece.

O nome terracota vem do italiano, significando terra que saiu do forno, ou que foi assada. A terracota vem de uma argila semiqueimada, não vitrificada, com uma textura vermelho-creme que lembra biscoito. Ela é obtida lavando a argila e misturando apenas com as partículas mais finas de areia. Embora a variedade vermelha seja a mais comum, ela também é encontrada nas cores amarela e até branco leitoso, dependendo de onde é extraída.

Quando é usada em vasos de flores, a porosidade da terracota proporciona uma das propriedades ímpares que a distinguem. Por causa dos poros, ocorre um efeito osmótico interessante, permitindo que a evaporação natural das águas se processe através da sua superfície. É essa propriedade, combinada com seu baixo custo, que torna a terracota um bom material para vasos de plantas. As plantas não ficam encharcadas, e a terra pode ser mantida úmida por meio do processo osmótico. O efeito também tem sido usado em recipientes para manter a água de beber sempre fria em climas quentes. Essa aplicação tem sido aproveitada no design contemporâneo de garrafas da Royal VKB. Essa aplicação também destaca a nova combinação da terracota tradicional com um uma moderna borracha de silicone.

Imagem: Garrafa de terracota, pela Royal VKB

Produção

Da mesma forma que muitas cerâmicas tradicionais, a terracota pode ser moldada por *slip casting*, em torno mecânico, e por rotação usando a roda do oleiro.

Sustentabilidade

Como um material inerte, a cerâmica não degrada. Para produzi-la é necessário que uma reação química irreversível aconteça. Ao contrário dos termoplásticos, que podem ser refundidos e reutilizados, as cerâmicas não são recicláveis, no sentido de que não podem ser remoldadas. Contudo, elas podem ser trituradas e usadas como aditivos e cascalhos para várias aplicações industriais. Devido ao fato de que queima a uma temperatura relativamente baixa, e não ser vitrificada, o processamento da terracota é energeticamente menos intensiva energeticamente em comparação com muitas outras cerâmicas.

+	−
– Produção versátil	– Não reciclável
– Baixo custo	– A produção faz um uso intensivo de energia, embora menos que em outras cerâmicas
– Capilaridade natural	

Cimento *Cement*

"Hardcore" foi o nome dado à exposição sobre concreto na conferência da Royal Institute of British Architects em 2002. O subtítulo foi "o concreto vai da utilidade até o luxo". Foi uma exibição exclusiva, que destacou a enorme, porém geralmente desconhecida, gama de associações do concreto. Ela explicou como, ao longo dos últimos cem anos, o concreto tem tido um enorme efeito em nosso ambiente, e que está constantemente sendo redefinido, tanto em suas funções como nas associações.

O cimento é um dos principais ingredientes do concreto e preenche o seu maior uso. É uma mistura de calcário e argila, proveniente de altos-fornos. Após a adição de água, o pó é aglutinado e pode ser usado para moldagem. Se for adicionada muita água, a dureza do cimento é reduzida, e se for pouca, a reação química não acontecerá e o cimento não irá endurecer. A forma mais comum de cimento para construção é o Portland. Quando pronto, ele forma um material duro como pedra, e sua principal aplicação está na indústria de construção.

Designers como Alexa Lixfeld têm ajudado a mudar a percepção do concreto, da utilidade para o luxo, com uma série de utensílios de cozinha. O designer suíço Nicolas le Moigne tem colaborado com a fábrica de cimento Eternit para criar o "cubo de tralhas", um projeto que usa material grosseiro, reciclado, para produzir novos assentos.

Imagem: Cubo de Tralhas, criado por Nicolas le Moigne, para a Eternit

+

– Incrível força de compressão
– Fácil de moldar
– Pode alcançar uma variedade de cores e efeitos
– Reciclável

−

– A produção faz uso intensivo de energia
– Problemas ambientais
– Alto custo de produção

Produção

A produção do cimento é quase sempre baseada em moldagem, tendo o cimento Portland um tempo de cura de seis horas e uma força compressora que aumenta e atinge o máximo em questão de semanas. O cimento Fondu®, que é de outro tipo, tem um tempo de endurecimento muito mais rápido.

Sustentabilidade

De acordo com um artigo no *The Guardian* em 2007, o "cimento vem sendo um dos maiores obstáculos no caminho para um mundo de economia de carbono". Essa afirmativa é baseada em diversos aspectos da produção do cimento, incluindo o calor e o carvão usados para alimentar os fornos, e a liberação de gás carbônico (estimado em 5 bilhões de toneladas anualmente, em 2050, como subproduto da queima do calcário). Existem cada vez mais companhias buscando reutilizar o concreto como cascalho. O concreto também contém crômio, que pode contribuir para a toxicidade, como irritante de pele.

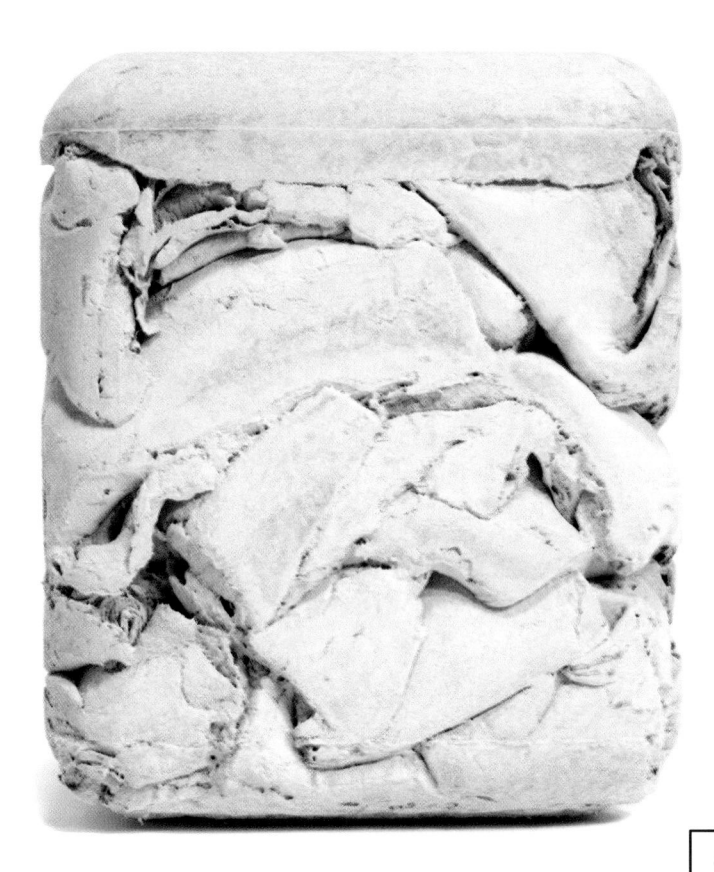

Fontes

Depois da água, o cimento é o produto mais consumido no planeta. A China produz metade de todo o cimento do mundo.

Aplicações típicas

A maior aplicação do cimento é em concreto, e a maioria do concreto é usada na construção. O concreto é uma mistura de cimento, areia e outros agregados inertes de vários tipos, sendo mais comum as pedras pequenas. Contudo, vários artistas e designers têm explorado novas possibilidades para os materiais e novas aplicações têm sido descobertas, as quais incluem joias, móveis, mesas de trabalho e utilidades de cozinha. O cimento também é usado em outras formas de construção, por exemplo, como reboco.

Custo

Relativamente baixo, embora os custos de produção sejam altos.

Características

- Excepcional resistência à compressão
- Diversas variedades e agregados, com efeitos distintos
- A cor pode ser trabalhada com facilidade
- Trabalhado com ferramentas de custo relativamente baixo
- Alto investimento para fabricação

Derivados

- Cimento Portland branco e cinza
- Cimento Fondu®. Comparado com o cimento Portland, que é baseado em sílica e calcário, o cimento Fondu tem várias vantagens. Ele pode ser usado para gerar formas mais complexas e resistir a temperaturas de até 2.000 °C, comparado com 500 °C para o cimento Portland. Também é muito mais durável. É um cimento superior e disponível nas cores chocolate e cinza-escuro, ou até em um branco polido. Por isso, oferece maior potencial de experimentação de suas qualidades decorativas e estéticas em relação ao cimento Portland.
- Eternit é um cimento à base de fibras, que tem sido explorado em numerosos projetos de design. É 100% reciclável.

Granito *Granite*

O granito chegou a ser definido pelas qualidades de aspereza e dureza, que realmente apresenta. Visualmente ele carece da textura fina do mármore; em vez disso, a textura de grãos de mosaico, grosseiros, que é típica do granito, já anuncia seus constituintes e estrutura: mica (os pontos brilhantes), feldspato e quartzo. O granito é uma rocha ígnea, uma família oriunda da solidificação do magma fundido ou lava resfriada sob grande pressão.

O granito tem várias formas, e estas são caracterizadas por variações de cor. Como um material, ele é distinguível pela sua dureza, durabilidade e habilidade de resistir bem aos efeitos climáticos, mesmo quando comparado com outras pedras, como o mármore. Por exemplo, como um material de construção, ele pode ser melhorado por polimento, para enfatizar seus cristais, criando uma superfície como o vidro, que irá se conservar por muitos anos, mesmo em aplicações externas. Sua densidade é semelhante à do mármore e do quartzo, porém é mais duro que o mármore – o granito tem uma dureza Shore de 85-100, enquanto a do mármore é 45-56. Ele também tem uma dureza abrasiva, embora bem menor que a do quartzo, e essa é uma das razões para ser tão popular em prateleiras de cozinha.

Imagem: Saleiro de mesa Plus One, por Norway Says, da Muuto

Produção
Corte manual, jateamento com areia, corte CNC, corte a *laser* e corte com jato de água.

Sustentabilidade
O granito é obviamente um recurso não renovável, e a extração mineral pode causar danos ao ambiente pela poluição química do ar, da terra e da água. Providências estão sendo tomadas para limitar desperdícios durante a mineração e manufatura, e um número crescente de companhias começa a oferecer opções de reciclagem.

Custo
Devido à dureza do material, a produção tem uma alta taxa de falhas, e apenas uma pequena proporção é vendida. Isso, combinado com a dureza do material, acaba encarecendo a sua exploração.

+	**−**
– Alta resistência ao desgaste	– Exploração cara
– Polimento com qualidade de vidro	– Produção com alta taxa de falhas
– Mais durável que o mármore	

Características
- Alta durabilidade e resistência à abrasão
- Alta densidade e dureza
- Polimento com acabamento de vidro
- Cada peça tem uma aparência única
- Mais durável que o mármore

Aplicações típicas
Pisos, prateleiras de cozinha, lápides e, devido à sua superfície plana e resistência a danos, é também usado em aplicações de engenharia para obter um plano de referência para medições. Também é usado em pilastras e outros elementos arquitetônicos.

Fontes
O granito é explorado em vários países; os principais incluem o Reino Unido, parte da Escandinávia, África do Sul e Brasil.

Mármore *Marble*

Por milhares de anos, o mármore tem tido a reputação de ser um grande material, por seu uso em esculturas e construções. No contexto geológico, existem três tipos gerais de formações rochosas: ígneas, formadas pela solidificação do magna fundido ou lava; sedimentar, formadas por partículas de rochas quebradas pela ação dos agentes climáticos e cimentadas ao longo de milhares de anos; e metamórficas. Estas últimas são as que têm mudado, passando de um tipo de rocha para outro, mas após um tempo bastante longo. O mármore é uma dessas rochas, e é uma metamorfose do calcário, ou carbonato de cálcio.

O mármore pode se apresentar com ricos veios, ou como um material branco fosco, frio, que, quando cortado fino, adquire uma transparência cremosa. Em qualquer uma das formas, ele é um material notável. A estrutura fina, cristalina do mármore – quando comparada com uma pedra, com grãos visivelmente maiores – o distingue de outros materiais. É essa fina estrutura que o torna bom para lapidar, sendo um material popular para esculturas.

O mármore raiado, ou com veios, tem um padrão consistente ao longo de sua espessura, que permite que as placas adjacentes se espelhem como imagens; essa característica é frequentemente explorada na arquitetura. Embora seja um material relativamente denso, duro, ele não é resistente à abrasão, nem tem a mesma dureza do granito. De fato, para uma pedra, ele é até pouco duro, razão pela qual permite fazer as lindas esculturas que conferem um certo toque de luxo ao material.

Imagem: Mesa inclinada, por Thomas Sandell

+	**—**
– Alta densidade e dureza	– Mineração e processamento caros
– Associações de valor *premium*	– Alta taxa de falhas na produção
– Muito bom para esculpir	– Baixa resistência ao desgaste
	– Baixa resistência química

Produção
Corte manual, jato de areia, corte CNC, corte com *laser*, corte com jato de água.

Sustentabilidade
A produção e o transporte liberam grande quantidade de gases do efeito estufa, além de destruir o meio ambiente.

Características
Comparado com outras pedras:
- Baixa resistência ao desgaste por abrasão
- Baixa resistência química
- Menos durável que o granito
- Cada peça é única, embora seja mais fácil de combinar padrões que no caso do granito
- Alta densidade e dureza
- Aceita polimento com acabamento do tipo do vidro
- Decai ao longo do tempo sob ação dos agentes climáticos
- Associação com produtos premium
- Poroso

Aplicações típicas
O Mármore de Arch, um referencial famoso em Londres, é feito de mármore de Carrara – nome da região na Itália de onde é extraído. Outras aplicações são escultura e lápides – embora o mármore não seja tão durável como o granito – e elementos arquitetônicos.

Fontes
O Reino Unido tem um número de pedreiras de onde o mármore tem sido escavado, porém Itália, Grécia, Portugal e Escandinávia são todos berços do mármore.

Custo
Assim como outras pedras, a dureza e a alta taxa de falhas na produção são fatores que encarecem o material.

Vitrocerâmica *Glass Ceramics*

Como um material se transforma em uma experiência de consumo? Ou como a funcionalidade de um material pode ser explorada para criar uma resposta emocional? O caso da cerâmica de vidro pode fornecer as respostas. A primeira metade do século XX marcou uma nova era nos materiais. Não apenas por ter testemunhado o aparecimento de tantos tipos novos de materiais – Nylon, Teflon®, Pyrex® – mas também porque marcou o início das histórias em que o futuro era baseado nas promessas desses novos materiais.

Uma das histórias de sucesso deste período foi a vitrocerâmica, um "supermaterial" que combina as propriedades do vidro e da cerâmica para produzir uma resistência ao choque térmico. Além dessa propriedade, e em comparação com o vidro convencional, as vitrocerâmicas são bastante resistentes a impacto e a riscos.

Para a dona de casa dos anos 1950, esse material era um recurso que permitia transferir um prato tirado do congelador diretamente para um forno aquecido. Para os vendedores, isso era traduzido como "conveniência". De fato, a invenção da CorningWare, junto com outras marcas como a Tupperware, tornou a vida nos anos 1950 livre de muitas inconveniências. A vitrocerâmica também proporciona um material para uso em coberturas planas para fogareiros de cozinhas, eliminando as pesadas placas quentes de ferro fundido ou as chapas de aquecimento a que todos estão acostumados. Para o consumidor moderno, isso é traduzido em uma superfície de limpeza fácil.

Imagem: Chapa de vidro Schott Ceran®, de Marc Newson, para a SMEG

Produção

As vitrocerâmicas podem ser prensadas, sopradas, enroladas ou forjadas e então recozidas. Até este ponto, é virtualmente igual ao vidro normal. Durante a segunda fase, os produtos moldados estão sujeitos a temperaturas específicas e passam por um processo conhecido como ceramificação, que significa sua conversão em um material policristalino.

Aplicações típicas

Tem sido dito pela Corning Glass que o material teve origem nos cones de nariz de mísseis, que precisam suportar altas temperaturas. Sua aplicação doméstica foi revelada quando um dos cientistas que trabalhavam na Corning, em Nova York, levou uma amostra para casa, onde sua esposa a usou para cozinhar o jantar. Além dessas aplicações, as vitrocerâmicas também são usadas em tampos para fogões a gás ou a carvão, ou como substratos de espelhos de telescópios astronômicos, nesse caso, aproveitando a vantagem de sua baixa expansão térmica.

+	**−**
– Processamento versátil	– Caro, em termos comparativos
– Alta resistência ao choque mecânico e térmico	– Algumas vitrocerâmicas usam metais pesados em sua produção, gerando preocupações ambientais
– Resistente a riscos	

Características
- Alta resistência ao choque térmico
- Alta resistência a impacto
- Extrema resistência ao calor
- Virtualmente sem expansão térmica
- Translúcido ou opaco

Derivados
Um dos maiores destaques na indústria de vitrocerâmicas é o Ceran®, produzido pela Schott, que é uma das marcas líderes em artigos para cozinha. A popularidade dessas superfícies não porosa para cozinhar é tanta que é promovida também como uma churrasqueira para uso em interiores, no qual o churrasco pode ser feito diretamente.

Fontes
Os grandes produtores de vidro, como a Corning, Schott e Saint Gobain, produzem várias formas de vitrocerâmicas.

Custo
Relativamente caro.

Sustentabilidade
Algumas vitrocerâmicas são produzidas com o uso de metais pesados.

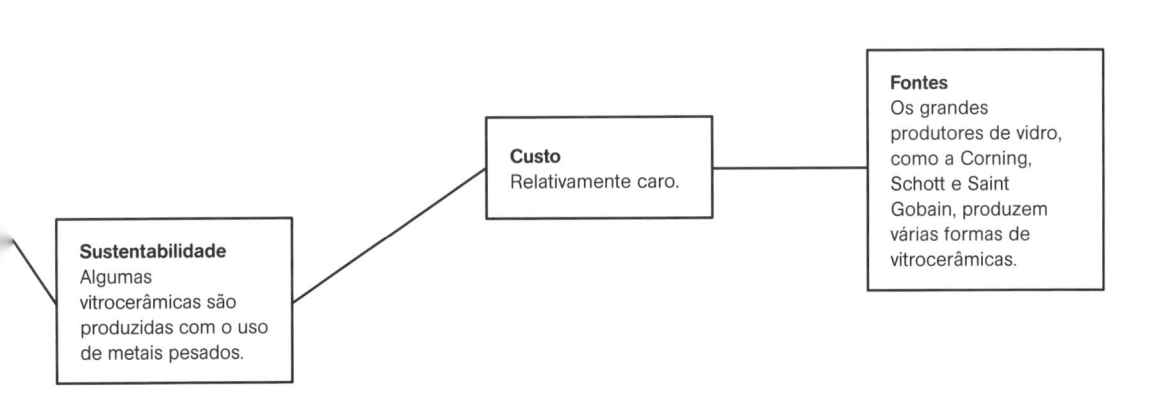

Óxido de alumínio
Aluminium Oxide (ou Alumina)

Primeiro, é bom lembrar que os óxidos metálicos de alumínio e zircônio não são metais no sentido convencional. Da mesma forma, o óxido de ferro não é a mesma coisa que o ferro metálico. Segundo, podemos notar que, no nome desses materiais, quando o metal termina com o sufixo "-io", na forma de óxido este sufixo muda para "-a". Por isso, o óxido de alumínio é frequentemente chamado de alumina, como já está bem estabelecido na família de materiais cerâmicos.

As cerâmicas passaram por uma grande mudança evolutiva nos últimos quarenta anos em relação ao desempenho e aplicações. As associações que as cerâmicas têm com arte, porcelana e terracota ainda existem, mas a nova geração de cerâmicas tecnicamente avançadas vem impulsionando a exploração desse material primordial.

Por causa de sua dureza, inércia e resistência, as cerâmicas estão invadindo o território dos metais. Por exemplo, as facas de cerâmica não perdem o fio tão facilmente quanto os metais. Tal é a força de sedução das cerâmicas avançadas que os designers têm, desde a comercialização das cerâmicas avançadas, procurado caminhos para introduzi-los em aplicações que variam de carros a telefones celulares. Os maiores obstáculos têm sido os custos de produção e a baixa tolerância de desvios que exigem ajustes precisos na moldagem por injeção plástica. A alumina e a zircônia são duas das cerâmicas mais avançadas mais usadas. Elas estão ajudando a transformar a definição de cerâmica em um material de tecnologia avançada e luxo, quando aplicado ao design voltado para o consumidor.

Imagem: Telefone celular Constellation da Vertus, com tela de óxido de alumínio monocristalino

Produção
A alumina pode ser extrusada, moldada por compressão na forma seca, em pó e molhada. Pode ser sinterizada partindo do pó. Também pode ser trabalhada com máquina, incluindo trituração com diamante depois de queimada. Quando moldada e vendida como uma lâmina fina, ela também pode ser cortada com *laser*, em processos isolados ou de produção em massa. Pode ser prontamente combinada com metais, usando técnicas de metalização e soldagem.

Sustentabilidade
Sendo um material inerte, a cerâmica não degrada. Para produzi-la é necessário que uma reação química irreversível aconteça. Ao contrário dos termoplásticos, que podem ser refundidos e reutilizados, as cerâmicas não são recicláveis, no sentido de que não podem ser remoldadas. Contudo, elas podem ser trituradas e usadas como aditivos e cascalhos para várias aplicações industriais.

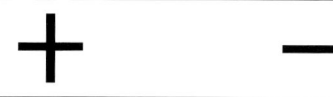

+	−
– Forte e resistente	– Quebradiço
– Processamento versátil	– Alto custo
– Extremamente duro	– Não reciclável
– Boa durabilidade	
– Bastante disponível	

Características

- Processamento versátil
- Excelente dureza
- Boa resistência à corrosão
- Boa rigidez
- Boa estabilidade térmica
- Excelente isolamento elétrico
- Maior resistência ao desgaste do que a zircônia
- Quebradiço
- Caro, porém não tanto quanto a zircônia
- Ponto de fusão: 2.072 ºC

Custo

US$ 5 por kg.

Aplicações típicas

A alumina é um dos materiais cerâmicos avançados mais populares. É usada como isolante elétrico em dispositivos de descargas. Sua resistência ao desgaste a torna ideal para peças, como cunhas, rolamentos e, é claro, facas de cozinha. Está altamente disponível, e sua diversidade de propriedades a torna adequada para substratos eletrônicos e para fazer fibras de cerâmicas e papéis. Também é usada em roupas à prova de balas e juntas de implantes, devido à sua alta resistência ao desgaste. Também pode ser encontrada nos telefones celulares da Vertu e nos relógios da Rado.

Fontes

A alumina é uma das cerâmicas avançadas mais disponíveis. Ela é obtida em diversos graus de pureza para satisfazer diferentes aplicações. A Austrália tem, de longe, as maiores reservas de bauxita, o principal minério de óxido de alumínio.

Derivados

A alumina combinada com zircônia, também denominada ZTA, é usada em aplicações mecânicas. Ela é consideravelmente mais forte e resistente do que a alumina pura. Isso é resultado de uma transformação induzida pelas partículas finas de zircônia, incorporadas de maneira uniforme na alumina. O conteúdo típico de zircônia é entre 10% e 20%. Como resultado, a ZTA é mais cara do que a alumina, mas oferece durabilidade e desempenho bem maiores.

Carbeto de silício
Silicon Carbide
(Carborundum ou Moissanita)

O carbeto de silício foi sintetizado pela primeira vez, de forma acidental, no fim do século XIX, enquanto se tentava produzir um diamante sintético – uma ocupação que era moda na época e acabou levando à descoberta de muitos carbetos e nitretos novos. Esses materiais proporcionaram as alternativas mais duras já conhecidas para o diamante. Parece que foi descoberto simultaneamente pelo inventor estadunidense Edward G. Acheson e pelo químico Henry Moissan. Sendo uma mistura de areia (sílica) e carbono, o carbeto de silício, como o diamante, é notável pela sua incrível resistência ao desgaste. Ele mantém sua forma em temperaturas acima de 1.000 ºC e tem uma resistência muito grande ao choque térmico, propriedade que permite mudar rapidamente de uma temperatura extrema para outra sem sofrer danos.

Embora não seja um novo material, ele tem sido usado na forma de pó para criar um material parecido com uma pedra, duro, áspero, de cor verde-escura ou cinza, usado como abrasivo por mais de cem anos. É usado com essa finalidade também em máquinas que moem e amolam. Como um dos desdobramentos da descoberta de Moissan, a moissanita – outra forma de carbeto de silício – foi inventada e vendida como pedra preciosa cuja dureza se aproxima à do diamante, mas com maior luminosidade, contribuindo assim para uma outra história interessante no mundo bastante variado dos materiais cerâmicos.

Imagem: Pedra de moagem, feita de carbeto de silício

Produção
O carbeto de silício pode ser processado usando-se várias técnicas diferentes. Elas incluem o uso da forma em pó, para compactação a seco (adequado para produção em batelada), sinterização, moldagem por injeção cerâmica, compressão isostática, extrusão e *slip casting* (para produzir formas ocas de paredes finas). Também pode ser trabalhado com máquinas e moído com rodas de diamante. As fibras de carbeto de silício também são usadas para reforço de plásticos para aumentar a força, a dureza e a resistência ao desgaste.

Sustentabilidade
O carbeto de silício é considerado uma substância perigosa na forma de pó, por provocar irritação nos olhos, pele e pulmões, além de danos ambientais.

 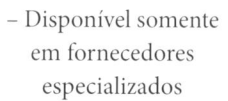

+	−
– Processamento versátil	– Disponível somente em fornecedores especializados
– Extremamente duro e forte	
– Alta condutividade térmica	

Custo
O preço varia bastante em virtude das várias qualidades de carbeto de silício, mas geralmente é uma boa opção em termos de custo/desempenho.

Características
- Resistente ao desgaste
- Alta resistência ao choque térmico
- Excelente dureza
- Excelente força de compressão
- Baixa expansão térmica
- Alta condutividade térmica
- Alta inércia química

Aplicações
A principal área de aplicação é em sistemas de moagem, onde pode haver mudanças extremas de temperatura, alto desgaste e quebras. Essas aplicações ocorrem em indústrias pesadas, envolvendo lacres, rolamentos e componentes de turbinas. Além do uso da moissanita em joias, outra aplicação para o consumidor está nos blocos de freio de carros; o Porsche Carrera é um carro que explora as qualidades do carbeto de silício, dando um ar de alta tecnologia. As fibras de carbeto de silício também podem ser adicionadas a moldes plásticos para aumentar a dureza das partes.

Fontes
Disponível em fornecedores especializados no mercado global.

Carbeto de boro *Boron Carbide*

Em termos da força de compressão, as cerâmicas são provavelmente os materiais mais fortes do planeta. Esse é o motivo de ainda usarmos tijolos como um dos principais materiais de construção. Além dos edifícios e outras aplicações das cerâmicas tradicionais, existe um número crescente de usos de cerâmicas avançadas em produtos de consumo. Muitas delas estão sob a película dos produtos, em vez de estarem aparentes na superfície. Cerâmicas avançadas como alumina e zircônia já começam a conquistar seu lugar em produtos de consumo doméstico. O benefício proporcionado pelas cerâmicas avançadas é sua extrema dureza e resistência ao desgaste, além do valor agregado ao produto como sendo de tecnologia avançada.

Contudo, mesmo no contexto das cerâmicas duras, o carbeto de boro é um material de respeito, sendo o terceiro mais duro conhecido pelo homem. Esse material cinza-escuro ou preto, com a possibilidade de ser polido até chegar a uma superfície metálica, seria o tipo de coisa que os escritores de ficção nos anos 1950 imaginariam como o material de que eram feitos os discos voadores. Além de ser um dos materiais mais duros conhecidos, quando exposto a uma temperatura superior a 1.100 °C e na ausência de ar, ele consegue ser ainda mais duro que o diamante, além de muito mais barato e versátil. Assim, o carbeto de silício é uma das novas cerâmicas que está mudando radicalmente a percepção desta antiga classe de materiais.

Imagem: Faca com revestimento de carbeto de boro, da Kershaw

+	−
– Incrivelmente duro e forte	– O alto custo limita o uso em aplicações especializadas
– Processamento versátil	
– Boa resistência ao desgaste	
– Pode alcançar um excelente polimento	

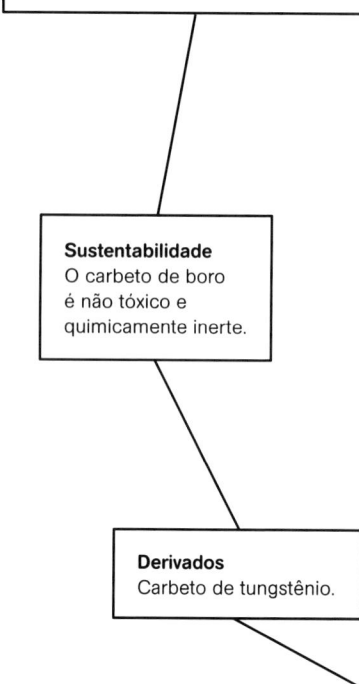

Produção
O carbeto de boro pode ser processado usando-se um número de diferentes técnicas. Elas incluem o uso da forma em pó, para compactação a seco (adequado para produção em batelada), sinterização, moldagem por injeção cerâmica, compressão isostática, extrusão e *slip casting* (para produzir formas ocas de paredes finas). Também pode ser trabalhado com máquinas e moído com rodas de diamante para gerar diferentes formas.

Sustentabilidade
O carbeto de boro é não tóxico e quimicamente inerte.

Derivados
Carbeto de tungstênio.

Aplicações típicas
Muitas das aplicações do carbeto de boro são em sistemas de moagem, onde pode haver mudanças extremas de temperatura, alto desgaste e rupturas. Essas aplicações ocorrem em indústrias pesadas, envolvendo lacres, rolamentos e componentes de turbinas. Contudo, um dos usos mais adequados está na aplicação em coletes de proteção. Outra aplicação está na indústria de energia nuclear, como um dos poucos materiais que podem confinar os bastões de controle nuclear e prevenir vazamento de radiação.

Fontes
Turquia e Estados Unidos são os maiores produtores mundiais de boro. Disponível em fornecedores especializados no mercado global.

Características
- Resistência extremamente alta ao desgaste
- Excelente dureza
- Baixa resistência ao choque térmico
- Excelente resistência à compressão
- Pode ser polido, com acabamento de espelho
- Baixa densidade em relação a outras cerâmicas
- Alta inércia química e resistência a ácidos

Custo
US$ 78 por kg.

Dióxido de silício *Silicon Dioxide (Sílica e areia)*

A areia dificilmente seria um material procurado por um designer. Contudo, ela merece uma menção neste livro, devido a dois diferentes projetos que a utilizam como material, para gerar novas técnicas de produção.

As evidências parecem mostrar que o futuro poderá ser definido pelos novos usos de antigos materiais. Um número crescente de inventores com experiência em design tem vasculhado o mundo dos materiais que são tradicionalmente percebidos mais como substâncias do que como materiais. O tijolo biomanufaturado é um projeto desenvolvido nos desertos dos Emirados Árabes, que usa bactéria combinada com areia, sal e ureia (da urina animal, e também usada em plásticos de ureia-formaldeído) para converter a areia em um elemento de construção. Desenvolvido por Ginger Krieg Dosier, da American University of Sharjah, o processo combina ingredientes prontamente disponíveis para fazer tijolos sem usar o calor intenso associado à fabricação das cerâmicas.

Outro projeto que usa areia como material bruto é muito mais simples, porém não menos inspirador. Desenvolvido pelo designer Markus Kayser, o projeto SolarSinter utiliza uma máquina alimentada exclusivamente pela energia solar para sinterizar a areia em objetos sólidos. A sinterização é um processo que une as partículas, geralmente pelo calor. Embora esse projeto esteja mais relacionado com uma nova forma de manufatura do que com um novo material, ele ilustra como os designers estão conduzindo a pesquisa de materiais alternativos para gerar produtos.

Imagem: Projeto Better Brick

Produção
O projeto de Markus Kayser de sinterização da areia abre novas perspectivas, utilizando a energia solar para fundir e unir os grãos. Outro método de produção é baseado em uma espécie de moldagem, em que fibras de sílica são suspensas em água, enquanto são forjadas em um molde poroso. Como no caso do *slip casting*, a água é retirada, deixando uma estrutura de cela aberta.

Sustentabilidade
A areia está bastante disponível e os estudos de caso mencionados utilizam pouca energia para gerar os materiais.

+	**−**
– Extremamente duro – Resistência a altas temperaturas e choque térmico. – Bastante disponível	– Processos de manufatura ainda em desenvolvimento

Características
- Excelente dureza
- Não condutor
- Alta resistência ao choque térmico
- Resistência a altas temperaturas: 1.704 °C

Derivados
- Aerogel de sílica
- Vidro
- Cimento Portland (cerca de 24%)
- O dióxido de silício é encontrado em quartzo e granito
- Principal componente da areia

Aplicações típicas
O dióxido de silício é o componente principal na fabricação do vidro, revestimento vítreo de cerâmicas e cimento. Também é usado, por causa de sua resistência à temperatura, em revestimento de ônibus espaciais, em que um bloco de 0,028 m^3 pesa menos que 4 kg.

Custo
Impossível de definir com exatidão.

Fontes
O dióxido de silício é uma das substâncias mais comuns no planeta.

Nitreto de silício *Silicon Nitride*

A família dos nitretos e carbetos compreende algumas das substâncias mais duras feitas pelo homem, e a maioria é usada em aplicações avançadas na engenharia. O nitreto de silício geralmente não está no foco dos materiais visados pelos designers. Isso é, em parte, devido aos custos de algumas dessas cerâmicas avançadas, mas também parcialmente devido ao fato de que algumas de suas características não seguiram a cadeia de evolução dos produtos de consumo. Contudo, isso não significa que não devam ter um lugar na palheta de desenho do designer.

Na família dos nitretos e carbetos, o nitreto se silício é o terceiro material mais duro. Sintetizado nos anos 1960, em uma época em que muitos novos materiais eram desenvolvidos para a exploração espacial, o nitreto de silício foi usado para suportar as condições drásticas dos motores a jato. Mesmo nesta família de materiais superfortes, ele se destaca por ter incríveis propriedades mecânicas, incluindo uma elevada força de compressão de 4 milhões de psi, ou, colocando de outra forma, capacidade de suportar o peso de oitenta elefantes equilibrados sobre um pedaço de nitreto de silício do tamanho de um cubo de açúcar. Também tem uma imensa força de tensão: um cabo de 2,5 cm de diâmetro poderia levantar cinquenta carros. E, em termos da lisura superficial, se uma bola de nitreto de silício tivesse o tamanho da Terra, o pico mais alto teria apenas 6 m. Essa é a razão que o torna tão popular para rolamentos e moinhos.

Imagem: Moinhos de bola, de nitreto de silício

+	**−**
– Força de compressão incrivelmente alta	– Disponível somente em fornecedores especializados
– Alta resistência ao choque térmico	– O nitreto de silício processado tradicionalmente é extremamente caro
– Alta resistência ao desgaste	
– Peso relativamente leve	

Produção
Da mesma forma que a maioria das cerâmicas avançadas, o nitreto de silício pode ser processado usando-se uma variedade de técnicas. Elas incluem o uso da forma em pó, para compactação a seco (adequado para produção em batelada), injeção em moldes cerâmicos, compressão isostátitca, extrusão e *slip casting* (para produzir formas ocas de paredes finas). Também pode ser trabalhado com máquinas e moído com rodas de diamante.

Sustentabilidade
Novos métodos de fabricação de peças de nitreto de silício por sinterização têm sido muito mais eficientes, do ponto de vista energético, que os métodos convencionais, pois diminuem o tempo de processamento e reduzem o consumo de energia.

Derivados
– Nitreto de silício prensado isostaticamente (HIPSN)
– Nitreto de silício sinterizado parcialmente com pressão (PSSN)
– Nitreto de silício sinterizado sem aplicar pressão (SSN)
– Nitreto de silício prensado a quente (HPSN)
– Nitreto de silício sinterizado quimicamente (SRBSN)
– Nitreto de silício ligado quimicamente (SRBSN)

Características
- Extremamente duro
- Alta resistência ao desgaste
- Alta resistência a choque térmico
- Excelente força de compressão
- Três vezes mais duro que o aço, mas 60% mais leve
- O índice de atrito ou fricção é 80% menor que o do aço
- Mais rígido que a maioria dos metais comuns

Custo
O custo relativamente alto do nitreto de silício limitou sua aplicação no passado. Os novos processos têm sido bem mais vantajosos em termos de custo/benefício.

Aplicações típicas
Este é um material que é muito mais efetivo e útil por causa de suas propriedades físicas e mecânicas do que pelo visual. Ele é ideal para componentes que trabalham sob alta demanda mecânica e partes de motores, especialmente em altas temperaturas. Isso inclui o motor principal dos ônibus espaciais, mísseis militares e giroscópios. Outros usos incluem carretilhas para pesca, bicicletas de corrida, patins, pranchas de patinação (*skates*).

Fontes
Disponível em fornecedores especializados no mercado global.

Óxido de zircônio

Zirconium Oxide (Zircônia)

As cerâmicas avançadas formam uma parcela expressiva dos novos materiais de luxo feitos pelo homem. Isso, em parte, é causado pelas associações que vêm de seu uso em aplicações de topo na engenharia, e também porque elas realmente parecem avançados. A qualidade resulta da forma como elas são acabadas e polidas, desde uma superfície lisa, fria, apagada, até as formas espelhadas, escuras, que parecem um cromado colorido.

Essa associação visual não é a única ligação com os metais. Em termos práticos, as cerâmicas avançadas têm duas propriedades distintas que permitem que sejam usadas em aplicações destinadas aos metais. Uma dessas propriedades é a sua dureza em comparação com metais, os quais tendem a apresentar pontas que acabam amolecendo muito mais rapidamente do que se fossem usadas cerâmicas avançadas. Assim como para as facas de cozinha, os anéis de zircônia são usados para pressionar as latas de bebida de alumínio produzidas industrialmente. Isso aumenta a eficiência e a efetividade do custo, pois o material dura vinte meses sem mostrar fadiga, comparado com dois meses para os materiais metálicos tradicionais.

A zircônia e a alumina são duas das cerâmicas avançadas mais utilizadas. A zircônia é parecida com a alumina, mas é um pouco mais flexível – menos quebradiça – e tem maior resistência ao desgaste. Como a alumina, a zircônia pode ser polida até obter um acabamento de espelho, parecido com metal polido. Também oferece resistência química à corrosão em temperaturas muito acima do ponto de fusão da alumina.

Imagem: Relógio da Rado

Produção

A zircônia, assim como a alumina, pode ser extrusada, moldada por compressão a seco, pó ou molhada, e sinterizada a partir do pó. Pode ser trabalhada com máquina, incluindo moagem com diamante, depois de queimada. Quando na forma de lâmina, pode ser cortada com *laser*, permitindo produção individualizada, em batelada ou em larga escala. Também pode ser unida a metais usando-se técnicas de metalização ou de solda.

Sustentabilidade

O óxido de zircônio é não tóxico e improvável de causar problemas ao meio ambiente.

+	−
– Excelente isolamento elétrico	– Quebradiço
– Extremamente duro	– Menor resistência ao desgaste em relação a materiais semelhantes
– Resistente à corrosão	
– Processamento versátil	

Vidro de soda-cal *Soda-lime Glass*

O vidro não é apenas um material definido pela transparência; ele transparece também pelas suas contribuições nos tempos modernos, tendo seu papel na revolução da informática, camuflado silenciosamente na nossa rotina diária. O vidro é o material básico que impulsiona muitas tecnologias: das telas em telefones celulares sensíveis ao toque, computadores e *tablets* e cabos de fibras ópticas que transportam informação digitalizada em massa, até produtos dignos de notas na imprensa, como o vidro autolimpante, sempre limpo e bonito.

Combinando o vidro com outros materiais, como os plásticos, podemos acentuar suas propriedades e consertar algumas de suas falhas inerentes. Como exemplos, podemos citar o vidro que pode bloquear os raios UV, o vidro que é à prova de bala ou de estilhaçamento, e as fibras de vidro que podem ser adicionadas aos plásticos para aumentar sua força.

O vidro de soda-cal é uma das formas mais usadas, e é o carro-chefe da família dos vidros, por sua dureza, transparência e inércia química. Ele é obtido pela fusão de diversas substâncias e a sílica (SiO_2), na forma de areia, constitui sua maior parte. Depois vêm o óxido de sódio (*soda ash*), com 12% a 16%, óxido de cálcio (cal) com 5% a 11%, o óxido de magnésio, com 1% a 3%, e o óxido de alumínio, com 1% a 3%. A adição de soda serve para reduzir a temperatura de fusão. A transparência, com tons de verde, resulta das impurezas nos ingredientes.

Imagem: Espremedor de limão

+	**−**
– Processamento versátil	– Quebradiço
– Baixo custo	– Baixa resistência
– Boa resistência química	ao choque
– Bastante disponível	
– Reciclável	

Produção

O vidro de soda-cal é um dos tipos mais versáteis em termos de produção. Ele pode ser formado manualmente para produzir objetos de arte, mas também é adequado para grandes volumes e produção em massa. As técnicas usadas incluem o trabalho com sopro livre, manual, ou em vários tipos de moldes. Ele pode ser extrusado, forjado e trabalhado a frio com várias técnicas de corte e lapidação. Também pode ser puxado em fibras muito finas – as fibras ópticas. O termo *float glass*, ou vidro flutuante, é usado para descrever lâminas planas de vidros que foram feitas flutuando sobre um banho de metal fundido.

Sustentabilidade

De acordo com a British Glass Manufacturers' Confederation, a economia de energia na reciclagem de uma simples garrafa pode manter acesa uma lâmpada de 100 watts por quase uma hora. Como foi mencionado, a tonalidade verde que está presente no vidro comum é devida a impurezas de ferro. Para obter um aspecto brilhante, é necessário adicionar uma pequena quantidade de bário.

Custo

O vidro de soda-cal é muito barato.

Derivados
– O vidro da Bohemia, região na República Tcheca conhecida pela sua arte com vidro, contém uma grande quantidade de cal e sílica, dando melhor transparência e brilho, ficando semelhante ao vidro cristal.
– *Float glass* (vidro em placas).

Características
• Pouca resistência ao choque térmico
• Baixo custo
• Boa resistência aos agentes climáticos
• Boa resistência química
• Quebradiço
• Funde por volta de 1.250 ºC
• Reciclável

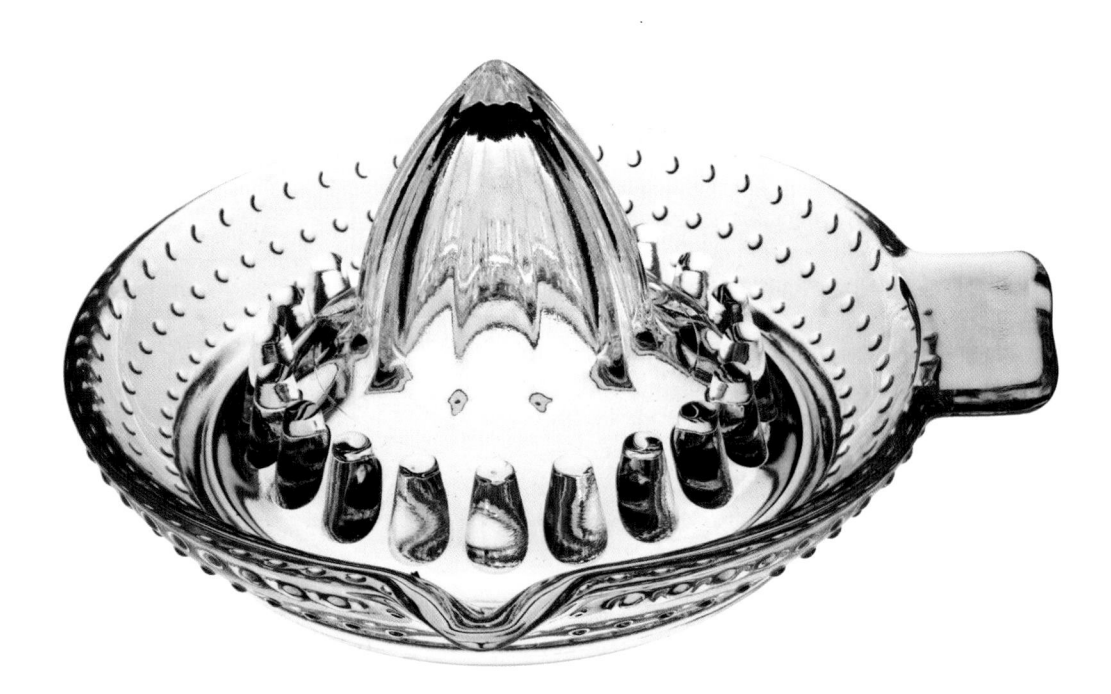

Fontes
Bastante disponível.

Aplicações típicas
É impossível listar as aplicações do vidro soda-cal, pois ele é usado em quase tudo, desde janelas até garrafas de leite.

Vidro de borossilicato *Borosilicate (Pyrex®)*

O vidro de borossilicato é mais uma utilidade do que um tipo luxuoso de vidro. Embora não tenha o brilho do vidro de soda-cal ou do vidro cristal, esse vidro técnico tem dado uma contribuição sem paralelo à tecnologia e à nossa vida nos últimos cem anos. Os vidros de borossilicato, o terceiro maior dos grupos dos vidros, como expresso pelo nome, são compostos principalmente de sílica (70% a 80%) e óxido de boro (7% a 13%), com pequenas quantidades de álcalis (óxidos de sódio e potássio) e óxido de alumínio. O motivo de ser um vidro tão importante está relacionado com sua alta resistência química e sua capacidade de suportar grandes mudanças na temperatura.

Ele foi inventado por Otto Schott, que acabou fundando a companhia SchottGlass, uma das empresas gigantes nesse ramo. O vidro de borossilicato é o que está por trás da marca Pyrex®, desenvolvida pela companhia americana Corning Glass em 1915. Uma das invenções mais importantes do século XX foi a lâmpada de bulbo incandescente. Essa invenção de Thomas Eddison, criada em 1879, só foi viável por causa do desenvolvimento de uma máquina capaz de gerar os bulbos em larga escala e do desenvolvimento de um vidro capaz de suportar a variação de temperatura, de um ambiente interior bastante quente para o exterior às vezes congelante.

A capacidade do vidro de borossilicato de suportar choques térmicos é o diferencial que o distingue do vidro comum de soda-cal.

Imagem: Suporte de castiçal, por Arik Levy

Produção
É um material popular, trabalhado por alguns designers em pequena escala, por causa dos métodos empregados no laboratório. Para essa finalidade, ele pode ser manipulado sem equipamentos caros. Geralmente se começa com um tubo de vidro, e se trabalha com um torno. Contudo, ele também pode ser produzido em larga escala. Como um vidro forte, tem um grande potencial para gerar formas esqueletais, com paredes finas. O vidro soda-cal é a alternativa mais próxima do vidro de borossilicato. Contudo, se o interesse for uma produção mais versátil e maiores possibilidades de trabalhar as formas, os plásticos com alta transparência, como os poliésteres, policarbonatos, acrílicos e certos tipos de estirenos e resinas ionômeras, podem ser boas alternativas. Em termos de resistência a choque térmicos, as cerâmicas avançadas podem ser outra possibilidade.

Sustentabilidade
A exposição à água e a ácidos só resulta na liberação de pequenas quantidades de íons monovalentes do vidro. Isso produz uma fina camada de sílica com poucos poros sobre a superfície, inibindo novos ataques de ácidos.

+	−
– Baixo custo de produção	– Não tem o brilho de determinados vidros
– Alta resistência química	– Caro, em termos comparativos
– Alta resistência a choque térmico	
– Comparativamente forte	

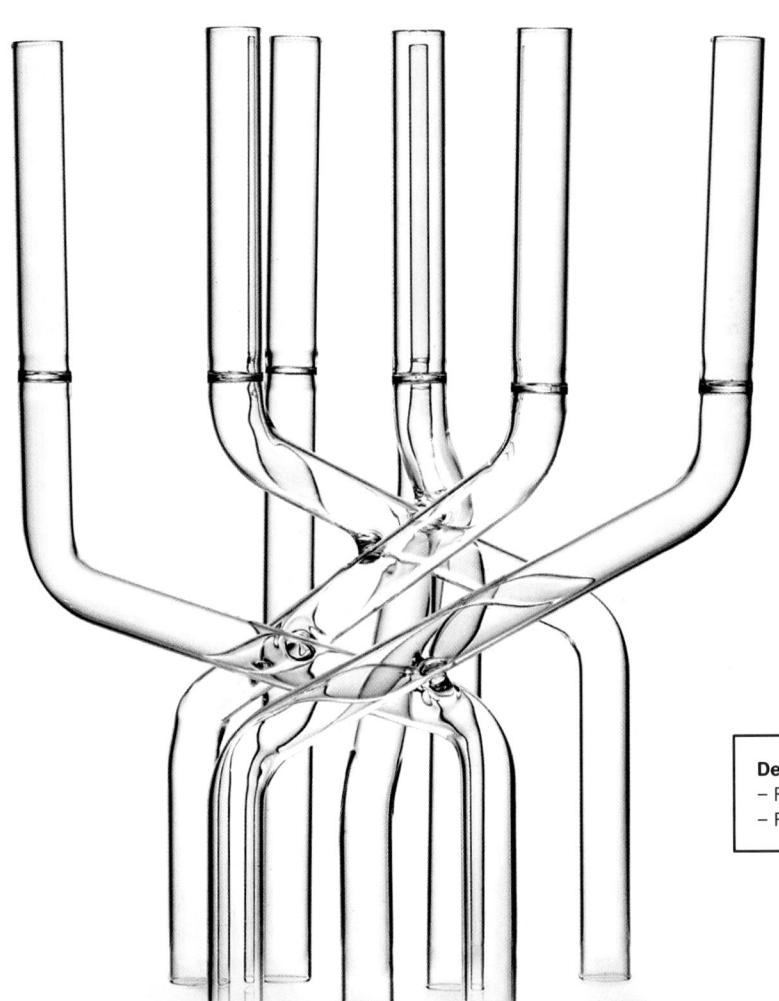

Fontes
Bastante disponível em várias formas, incluindo lâminas semiacabadas e tubos para fabricação de lâmpadas.

Características
- Alta resistência ao choque térmico
- Menos denso que o vidro soda-cal
- Mais forte que o vidro soda-cal
- Alta resistência ao ataque químico, excedendo a dos metais, quando exposto a 100 °C por longos períodos de tempo
- Baixo coeficiente de expansão: isso significa virtualmente que o vidro não sofre estresse quando colocado em água fervendo

Derivados
- Fibra de vidro
- Fibras ópticas

Custo
Mais caro que o vidro soda-cal.

Aplicações típicas
É bastante usado na indústria química em aparelhagem de laboratórios, recipientes farmacêuticos, aplicações com luz de alta intensidade e fibras de vidro para reforço de tecidos ou plásticos. No ambiente doméstico, já existe grande familiaridade com os artefatos para forno e outros resistentes ao calor, conhecidos sob o nome de marca Pyrex®.

Vidro de chumbo
Lead Glass
(Cristal ou Cristal de Chumbo)

O *tupperware*, feito de HPDE, tornou-se um produto marcado pelo "burp" (som de arroto) que o sistema produz quando a tampa é aberta e o ar é sugado para o interior, devido ao vácuo existente. O vidro de chumbo, ou vidro cristal, também é reconhecido pelo som que produz – nesse caso, é um "ping". Esse vidro, ou cristal, como é conhecido, é considerado artigo de luxo. A ressonância e o "ping" são as maneiras pelas quais as pessoas testam sua autenticidade. Ele é associado aos diamantes e às pérolas, em termos de ostentação e poder. Para qualquer um interessado em química, ele é o resultado da adição do óxido de chumbo – 30% no caso do cristal inglês –, substituindo a cal, na fabricação do vidro soda-cal.

A introdução do chumbo na receita do vidro provoca um aumento do índice de refração – melhorando a transparência e o brilho – e uma superfície relativamente mais frágil e menos dura, em comparação com o vidro de soda-cal. As propriedades resultantes em termos de transparência e menor dureza, combinadas com os processos de trituração, corte e lapidação, geram um efeito geral de um vidro parecido com cristal. Existem várias maneiras de classificar a qualidade do vidro cristal – que pode ser descrito sob vários termos, incluindo vidro cristal, cristal de chumbo comprimido, cristal de chumbo e cristal pleno de chumbo – dependendo da porcentagem do óxido de chumbo. Contudo, muita gente prefere testar o vidro com os dedos, para ouvir aquele som característico de cristal.

Imagem: Cálices, por Josef Hoffmann, da Lobmeyr

+	**–**
– Alta transparência	– Baixa rigidez
– Fácil de esculpir	– Alto custo relativo
– A demanda de energia na produção é menos intensiva que em outros vidros	– Baixa resistência a choque térmico

Produção

O vidro de chumbo pode ser processado usando-se crise muitas das técnicas empregadas para o vidro soda-cal, incluindo sopragem manual, prensagem e extrusão. Contudo, sua baixa dureza significa que é fácil de trabalhar, e uma das formas é cortar e esculpir, explorando sua excelente transparência.

Sustentabilidade

A temperatura mais baixa para gerar esse tipo de vidro significa que ele requer menos energia. O chumbo é um agente de risco à saúde, levando ao envenenamento que afeta o sistema nervoso. No vidro de cristal de chumbo, o elemento está preso na estrutura química, eliminando qualquer risco. Note-se que o teor mínimo de chumbo deve ser de 24% para o vidro ser considerado cristal.

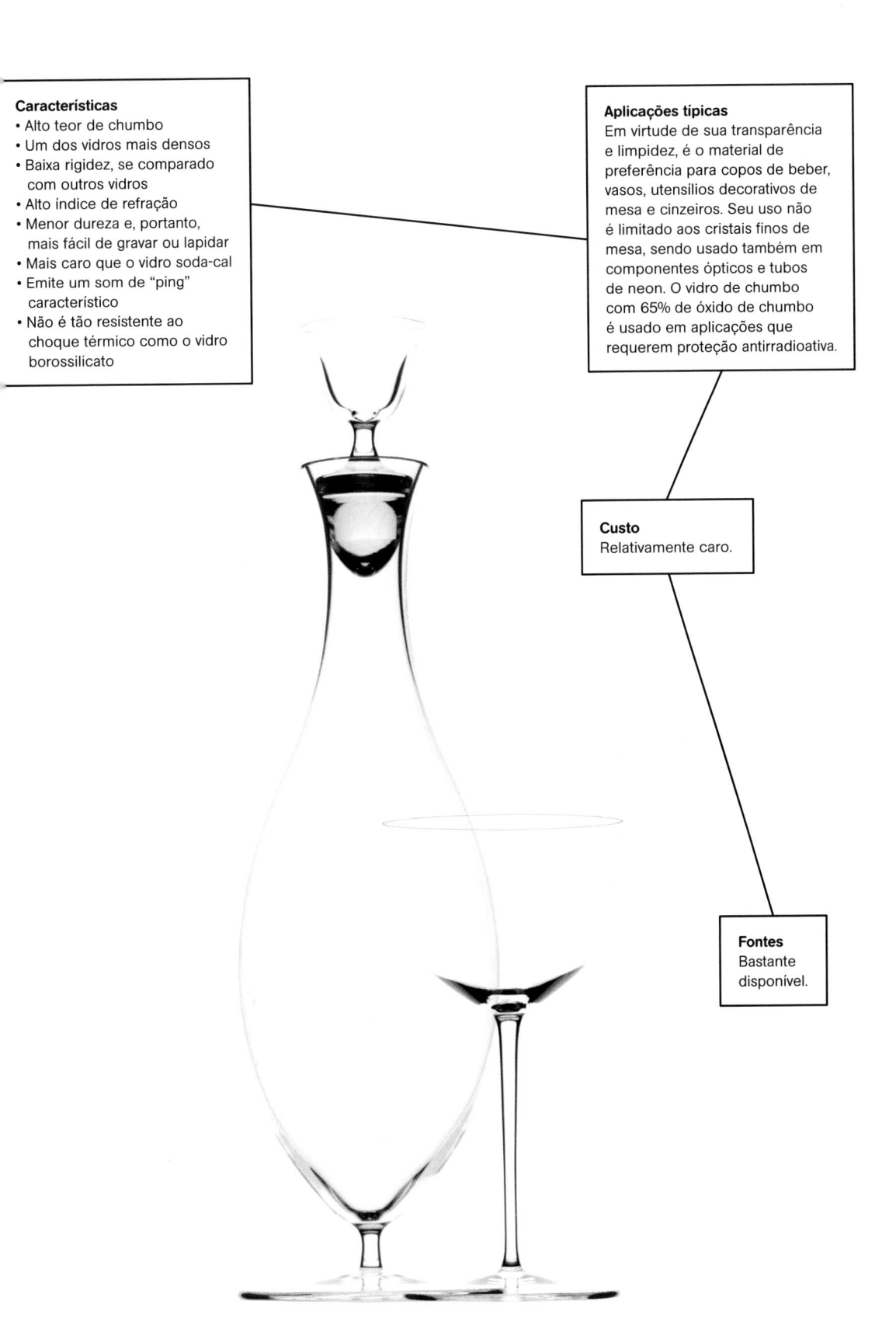

Características
- Alto teor de chumbo
- Um dos vidros mais densos
- Baixa rigidez, se comparado com outros vidros
- Alto índice de refração
- Menor dureza e, portanto, mais fácil de gravar ou lapidar
- Mais caro que o vidro soda-cal
- Emite um som de "ping" característico
- Não é tão resistente ao choque térmico como o vidro borossilicato

Aplicações típicas
Em virtude de sua transparência e limpidez, é o material de preferência para copos de beber, vasos, utensílios decorativos de mesa e cinzeiros. Seu uso não é limitado aos cristais finos de mesa, sendo usado também em componentes ópticos e tubos de neon. O vidro de chumbo com 65% de óxido de chumbo é usado em aplicações que requerem proteção antirradioativa.

Custo
Relativamente caro.

Fontes
Bastante disponível.

Vidro de aluminossilicato

Aluminosilicate Glass

O vidro de aluminossilicato na forma do chamado Gorilla® Glass é um material relacionado a uma mudança de cultura, porque nossas interações com o mundo estão acontecendo cada vez mais sobre um pedaço de vidro, com a telefonia móvel, *tablets*, computadores e TVs. O aluminossilicato é mais duro e mais resistente ao risco que o policarbonato e por isso está sendo usado cada vez mais para criar painéis de monitores com tecnologia sensível ao toque. Nossa interação com as telas de toque são facilitadas por materiais capazes de suportar os movimentos constantes sujeitos a riscos. Ao mesmo tempo, devem ser finos e fortes para se ajustarem aos dispositivos de espessura cada vez menor. Se o futuro continuar sendo impulsionado por meio de dados, então o vidro deverá substituir ainda mais materiais.

O processo de fortalecimento químico envolve um mecanismo conhecido como troca iônica, em que os mais de 20% de óxido de alumínio que foi adicionado ao vidro de aluminossilicato transforma o vidro soda-cal em um supervidro, muito mais forte. Isso permite que espessuras bem finas possam ser usadas em tecnologias de *displays* (monitores). Ele é seis vezes mais forte que o vidro de soda-cal original; além disso, pode ser dobrado como plástico, é resistente a riscos e, por ser tão forte, utiliza menos vidro. Por isso, é mais leve que o vidro convencional. O Gorilla® Glass é um dos aluminossilicatos mais destacados, produzido pela Corning Glass®, empresa que tem estado no centro de muitas inovações, como o Pyrex®. Esse aluminossilicato está inovando a tecnologia dos *displays*, permitindo a interação com os dados e aplicações ainda não exploradas.

Imagem: Um aparelho Galaxy da Samsung com vidro Gorilla® da Corning

Características
- Resistência bastante superior a riscos
- Boa flexibilidade
- Vidro bastante forte
- Mais fino e relativamente mais leve
- Excelente resistência química
- Só está disponível na forma de filme

Aplicações típicas
Além das telas para telefones celulares, *tablets* e *laptops*, as folhas reforçadas de aluminossilicato também podem ser usadas para envidraçamento em automóveis, como tetos solares, telas e revestimentos. Nessas aplicações a principal vantagem é a economia proporcionada pelo menor peso. Também pode ser aplicado em utensílios de cozinha e refrigeradores, considerando-se que tem grande resistência a riscos. Outras aplicações estão em ambientes interiores, incluindo telas e elevadores, proporcionando redução de peso.

+	−
– Leve e fino	– Disponível apenas como folha
– Boa resistência a riscos	– Relativamente caro
– Material muito forte	
– Excelente resistência química	
– Versátil	

Quartzo piezoelétrico

Quartz Piezoelectrics

Materiais piezoelétricos são mais bem descritos como aqueles que geram carga elétrica quando deformados por ação mecânica, ou que mudam de forma quando uma carga elétrica é aplicada neles.

Como tal, eles proporcionam uma das tecnologias mais difundidas com o uso crescente de materiais inteligentes, particularmente na área de captação de energia. Essa resposta ao esforço mecânico, que está no centro da tecnologia, pode provir de várias fontes. Para ilustrar o princípio, coloque uma régua sobre a borda de uma mesa e a faça oscilar. Se a régua for feita de um material piezoelétrico, a vibração irá produzir eletricidade, que poderia ser captada para gerar luz em uma fonte adequada.

A ideia dos materiais piezoelétricos não é nova; de fato, eles foram descobertos nos anos 1880 por Pierre Curie, em pequenos cristais obtidos do quartzo. Mas o desenvolvimento de materiais que podem converter eletricidade em nível suficiente para ser explorado tem sido difícil até agora. A web está cheia de ideias para explorar o efeito piezoelétrico, desde a colocação de cristais piezoelétricos nos assoalhos de salões de dança, para gerar energia para as telas de vídeo, ou nas ruas, para coletar a energia dos carros em movimento.

Tradicionalmente, a geração de energia elétrica tem tido um custo ambiental alto, consumindo combustíveis fósseis não renováveis. Nas pesquisas de energias alternativas, existe um grande interesse pelo uso de materiais piezoelétricos para gerar energia limpa.

Imagem: Bota energética, da Orange em colaboração com a GotWind, especializadas em energia renovável

+	−
– Versátil	– Não existem desvantagens
– Material inteligente	
– Fonte renovável de energia	
– Bastante disponível	

Produção

A Advanced Cerametrics Inc. desenvolveu uma fibra de compósito de cerâmica piezoelétrica que é muito flexível e pode gerar mais eletricidade do que um cristal piezoelétrico. A ideia por trás desse produto é explorar a energia mecânica existente que não está sendo usada, e coletá-la para converter em eletricidade.

Aplicações típicas

Hoje, os cristais piezoelétricos já são de uso generalizado em isqueiros, acendedores de fogão, microfones, geradores de som em sonares e detectores de ultrassom, *tweeters* e nos cristais de quartzo em relógios. Além dessas aplicações, as possibilidades parecem ser infinitas. Por exemplo, um recurso que pode ser incorporado em muitas aplicações é a energia mecânica desperdiçada, como as vibrações. Ela poderia ser convertida em energia útil, por meio de fibras piezoelétricas. Imagine por exemplo, uma cabine de avião iluminada pelas vibrações produzidas pelos motores de propulsão. As fibras piezoelétricas também já foram testadas em sapatos. Assim, os caminhantes poderão recarregar seu GPS conectando-o com a própria bota. No festival de música de Glastonbury, piezoelétricos foram instalados no interior das botas (estilo Wellington) providenciadas pela Orange, rede de telefonia móvel, para recarregar os aparelhos.

Sustentabilidade

A necessidade de explorar fontes alternativas de energia está levando os piezoelétricos para novas fronteiras. De fato, as grandes possibilidades de aplicação dos piezoelétricos para converter movimento em energia estão gerando ideias inovadoras, em uma área que poderá contribuir para a sustentabilidade.

Características
- Gera eletricidade por meio da vibração
- Muda de forma quando a eletricidade passa através dele
- É um fenômeno natural

Fontes

Embora os cristais de quartzo não sejam os únicos materiais piezoelétricos, eles são os mais usados. O número de companhias que produzem esses materiais é limitado, mas está crescendo rapidamente, à medida que a tecnologia de captação de energia cresce em desempenho e demanda. Os cristais de quartzo piezoelétrico também podem ser produzidos por via sintética.

Custo

Os cristais de quartzo piezoelétrico são relativamente baratos.

Glossário

acetato
Uma espécie proveniente do ácido acético.

administração florestal
Gerenciamento e cuidado das florestas como recursos naturais para garantir a sobrevivência e a produtividade.

alburno (*sapwood*)
Madeira da parte externa do ramo ou caule, que ainda está crescendo ou viva.

alótropo
Uma forma distinta do elemento que existe com diferentes estruturas. Por exemplo, o diamante e a grafite são dois alótropos do carbono.

anisotropia
Significa ter diferentes propriedades físicas ou visuais ao longo de eixos diferentes.

antimicrobiano
Capaz de matar ou inibir o crescimento de micro--organismos.

biomimética
Imitação inspirada em sistemas biológicos para resolver problemas de engenharia ou outros mais complexos.

bioplástico
Plástico derivado de recursos renováveis como gorduras vegetais, amido, proteínas e micróbios.

broguing
Aplicação de um padrão de furos em materiais como couro em sapatos brogue.

BSE
Encefalopatia espongiforme bovina, doença infecciosa conhecida como vaca louca, capaz de atingir os humanos e outros animais por meio da cadeia alimentar.

calandragem
Uso de rolamentos para fazer um material, como o papel em suas diversas formas.

cerne da madeira (*heartwood*)
Madeira da parte interna do tronco ou do galho que se tornou naturalmente resistente ao apodrecimento. Uma vez formado, está de fato morto. Também conhecido como durame.

cloreto de vinila
Plásticos, incluindo o cloreto de polivinila, derivados do monômero cloreto de vinila (VCM) ou cloroeteno.

cobertura (*veneer*)
Camada superficial fina, decorativa, sobre a madeira, ou feita de folha de madeira, como as usadas em compensados.

CFCs/HCFCs
Clorofluorcarbonos e hidrogenoclorofluorcarbonos. São compostos orgânicos voláteis que contêm os elementos cloro, flúor, (hidrogênio) e carbono. Antigamente muito usados, hoje estão banidos por causa dos danos que causam à camada de ozônio.

CITES
Convention on International Trade in Endangered Species of Wild Fauna and Flora, também conhecida como Convenção de Washington. Trata-se de um acordo vigente desde 1975 sobre o comércio internacional de animais selvagens e plantas que não tenham ameaçada sua sobrevivência na selva.

Coeficiente de Poisson
Relação entre a expansão (ou contração) do material ao longo de sua compressão aplicada em outro eixo. Os valores variam entre −1 e 0,5. Um valor alto indica expansão. A cortiça tem valor 0, indicando que não se expande lateralmente quando pressionada.

compósito
Material feito de diferentes componentes que combinam distintas propriedades. Por

exemplo, o concreto é uma mistura de cimento e pedras.

corte em quatro ou *quarter cutting*
É uma forma de corte do tronco ao longo de quatro distâncias de comprimento, para assegurar que cada uma tenha distribuição de textura mais regular.

deal ou prancha
Refere-se a madeiras de árvores coníferas usadas em construção ou a um tipo de prancha esportiva.

desmembramento (*retting*)
Uso da água e micro-organismos para remover a fibra natural de seu caule, usado na extração do cânhamo e do linho.

***die-cutting* ou cunhagem**
Processo para obter cortes com formatos específicos, por exemplo em couro, usando uma cunha cortante.

dioxinas
Subprodutos altamente tóxicos de processos industriais, como os envolvidos na produção do PVC.

dobramento sob vapor
Técnica em que o vapor é aplicado à madeira para provocar seu amolecimento temporário, para depois ser encurvada até adquirir a forma desejada e depois endurecida por secagem.

dúctil
Habilidade de dobrar, deformar ou estreitar sob esforço mecânico.

Dureza de Shore
Escala de dureza de materiais inventada por Albert F. Shore.

eletrospinning
Uso de cargas elétricas para dirigir a formação de fibras de uma solução de polímeros.

espécies pioneiras de árvores
Espécies que estiveram entre as primeiras a crescer em ambientes danificados, como após a era do gelo.

ésteres
Polímeros, incluindo o poliéster, derivados de compostos do grupo do éster. O poliéster mais comum é o tereftalato de polietileno (PET), embora possa se referir a qualquer polímero desse grupo.

estirenos
Plásticos, incluindo poliestireno, derivados do composto conhecido como estireno ou vinil benzeno.

etilenos
Plásticos, incluindo o polietileno, derivado do etileno, também chamado de eteno. São os tipos mais usados de plásticos.

ferroso
Que contém ou está relacionado com o ferro.

força de tensão ou tênsil
Máxima força que um material pode suportar quando é puxado, antes de quebrar.

granulosidade (*grain*)
Termo usado para expressar a textura, orientação e disposição das fibras da madeira.

higrômetro
Instrumento usado para medir umidade.

laminação
União de duas ou mais camadas de substâncias diferentes para combinar suas propriedades.

litografia óptica
Processo de impressão em que um padrão de luz é projetado em uma superfície, causando alterações químicas para gerar figuras. É usado na impressão de circuitos eletrônicos e *chips* de silício. Também é conhecido como fotolitografia.

madeira dura (*hardwood*)
Madeiras de árvores que florescem, ou angiospermas, como a faia e o carvalho.

madeira *soft*
Madeira de árvores sem flores (gimnospermas), como as coníferas.

moldagem sob pressão
Técnica de moldagem em que uma folha aquecida de plástico, como PVC, é colocada na prensa mecânica com o molde.

monômero
Substâncias químicas simples que podem ser interligadas para formar polímeros

nanotecnologia
Manipulação da matéria na escala atômica ou molecular.

não ferroso
Que não tem relação com o ferro.

nitrato
Espécie química proveniente do ácido nítrico.

petroquímica
Produto químico derivado do petróleo.

piezoelétrico
Produção de cargas elétricas em certos materiais, geralmente cristais, submetidos a esforço mecânico.

polímero
Uma substância que tem uma estrutura molecular formada por um grande número de unidades semelhantes, unidas entre si. Exemplos incluem os plásticos e as proteínas.

polímero básico
Polímero usado em grandes quantidades, com baixo custo. São geralmente usados em embalagens e itens descartáveis.

polímero de alto desempenho
Plástico resistente ao desgaste e temperatura, usado em aplicações especiais. É superior aos polímeros básicos e polímeros de engenharia.

polímero de engenharia
Um plástico com propriedades mecânicas ou térmicas superiores em relação aos polímeros básicos. São usados em menor escala e têm um custo mais elevado para serem fabricados.

polimerização
Processo de geração de polímero a partir de unidades menores, denominadas monômeros.

quilate
Uma medida da pureza do ouro, sendo 24 quilates o equivalente ao ouro puro.

raios UV
Raios ultravioleta, radiação com comprimentos de onda menores que a luz visível e maiores que os raios-X. Estão presentes na luz do sol e são danosos à pele humana quando em doses excessivas.

spin coating
Processo de aplicação de filmes finos, por gotejamento, em uma superfície sob alta rotação, até obter a espessura desejada.

terras-raras
Conjunto de dezessete elementos, sendo a maioria do grupo dos lantanídios, aplicados em alta tecnologia. Os elementos não são de fato raros. Seus minérios, entretanto, são muito dispersos e difíceis de serem explorados.

superliga
Uma liga, geralmente de níquel-ferro ou cobalto, que possui excelente força, estabilidade e resistência à corrosão.

Retardante de Chama Classe 1
As normas na Inglaterra e País de Gales classificam os retardantes de chama em Classe 0 ou Classe 1, sendo o primeiro o mais rigoroso. Eles devem ser legalmente tratados e dependem do uso específico.

termoplástico
Plástico que se torna moldável quando aquecido e retorna ao estado rígido quando resfriado. Também conhecido como *thermosoft*.

termofixo
Plástico que, uma vez formado ou curado, não pode ser refeito termicamente.

ultrapolímero

Termo usado para plásticos
cujas propriedades
são superiores às dos
outros polímeros de alto
desempenho.

uretanos

Plásticos, incluindo a
poliuretano, derivados do
uretano ou carbamato, ligado a
outros compostos orgânicos.

VOCS

Compostos orgânicos
voláteis, podem ser nocivos se
liberados em ambientes pouco
ventilados, por exemplo, pelos
vapores de tinta.

Leitura complementar

Ashby, M.F., and Johnson, K, *Materials and Design: The art and science of material selection in product design*, Butterworth-Heinemann, 2002

Ashby, M.F., *Materials and the Environment: Eco-informed Material Choice*, Butterworth-Heinemann, 2012

Ball, Philip, *The Ingredients: A Guided Tour of the Elements*, Oxford University Press, 2002

Bralla, J.G., *Handbook of Product Design for Manufacture: A practical guide to low-cost production*, McGraw Hill, 1986

Brownell, Blaine, Transmaterial: *A Catalog of Materials that Redefine our Physical Environment*, Princeton Architectural Press, 2006. Miodownik, Mark, Stuff Matters, Penguin Books, 2013

FRAME & Matério, *Material World 2: Innovative Materials for Architecture and Design*, Birkhäuser, 2006

Fuad-Luke, Alastair, *The Eco Design Handbook: A complete sourcebook for the home and office*, Thames and Hudson, 2004

Gordon, J. E., *The New Science of Strong Materials: Or Why You Don't Fall Through the Floor*, Penguin, 1991

Harper, Charles A., *Handbook of Materials for Product Design*, McGraw-Hill, 2001

Kula, Daniel and Ternaux, Élodie, Materiology: *The Creative Industry's Guide to Materials and Technologies*, Birkhäuser, 2013

Kutz, Myer, *Handbook of Materials Selection*, J. Wiley, 2002

Lampman, Steven R, ASM *Handbook: Materials selection and design* (Vol 20), ASM International, 1997

Lefteri, Chris, *Making It: Manufacturing Techniques for Product Design*, Laurence King, 2007

Lefteri, Chris, *Materials for Inspirational Design*, RotoVision, 2001–03
A six-book series giving case studies on products, fashion and architecture that showcase inspirational materials and uses for them.
Plastic
Plastics 2
Glass
Wood
Ceramics
Metals

Lesko, Jim, *Industrial Design: Materials and Manufacturing*, Wiley, 1999

Leydecker, Sylvia, *Nano Materials: In Architecture, Interior Architecture and Design*, Birkhäuser, 2008

Lincoln, William A., *World Woods In Colour*, Stobart Davies, 1986

Lupton, E and Tobias, J, *Skin: Surface, Substance and Design*, Princeton Architectural Press, 2002

Manzini, Ezio, Cau, Pasquale, *The Materials of Invention*, MIT Press, 1989

Mori, Toshiko, *Immaterial, Ultramaterial: Architecture, Design and Materials*, George Braziller, 2002

Rosato, Dominick V., *Rosato's Plastics Encyclopedia and Dictionary*, Hanser Gardner Publications, 1992

Richerson, David W., *The Magic of Ceramics*, American Ceramic Society, 2000

Schmidt, Petra and Stattmann, Nicola, *Unfolded: Paper in Design, Art, Architecture and Industry*, Birkhäuser, 2009

Shedroff, Nathan, *Design is the Problem: The Future of Design Must Be Sustainable*, Rosenfeld Media, 2009

Websites

Stattmann, Nicola, *Ultra Light-Super Strong: A new generation of design materials*, Birkhäuser, 2003

Vaccari, J. A., *Materials Handbook*, McGraw Hill Professional, 2002

van Onna, Edwin, Material World: *Innovative Structures and Finishes for Interiors*, Birkhäuser, 2003

Walker, P.M.B., *Chambers Materials Science and Technology Dictionary*, Larousse Kingfisher Chambers, 1993

Zijlstra, Els, *Material Skills: evolution of materials*, Materia, 2005

Negócios

Trade Fair for Technical Textiles
www.techtextil.com

Trade Fair for Plastic and Rubber
www.k-online.de

Trade Fair for Glass
www.glasstec-online.com

Banco de Dados Material/Design

Material Consultancy & Library
www.happymaterials.com

Material blog
hellomaterialsblog.ddc.dk

Material blog
www.materialstories.com

Multidisciplinary research club
www.instituteofmaking.org.uk

Eco Materials Database
www.rematerialise.org

Materials/design database
www.mtrl.com

Materials/design database
www.materia.nl

Materials/design database
www.materio.com

Technical materials database
www.matweb.com

Transmaterial database
transmaterial.net

Material properties database
www.makeitfrom.com

Self-production/Material database
openmaterials.org

University of Texas Materials Database
soa.utexas.edu/matlab/

Scientific and Industrial Research Organisation
www.csiro.au

Plásticos

British Plastics Federation
www.bpf.co.uk

Plastic Trade Names
www.polymerplace.com

DuPont Plastics
www.plastics.dupont.com

Bioplásticos

Algae-based Plastic
www.algix.com

Algae-based Biofuel
www.livefuels.com

Bioplastic Manufacturer
www.cereplast.com

Biodegradable Polymer & PHA
Biopolymer
www.metabolix.com

Bioplastic Market Database
www.bioplastic-innovation.com

Bioplastic Magazine
www.bioplasticsmagazine.com

PVA & Water soluble plastics
www.kuraray-am.com

Cerâmicas & Vidros

Ceramic Manufacturer
www.ceramtec.com

Glass & Ceramic Manufacturer
www.corning.com

Glass & Special Material
Manufacturer
www.schott.com

Ceramic Society
www.ceramics.org

Minerais

Prospector Material Database
www.ides.com

US Geological Survey Minerals
Information
minerals.usgs.gov

Metais

Copper Development
Association
www.copperinfo.co.uk

International Aluminium
Institute
www.world-aluminium.org

International Stainless
Steel Forum
www.worldstainless.org

Refractory Metal Products
Manufacturer
www.tungsten.com

International Tungsten
Industry Association (ITIA)
www.itia.info

Titanium Distributor
www.supraalloys.com

Outros materiais

Pulp Lab of Södra
www.sodrapulplabs.com

Cork Industry Federation
www.planetcork.org

Índice

Créditos das fotos

O autor e o editor agradecem às seguintes instituições e indivíduos que proporcionaram imagens fotográficas para usar neste livro. Todo esforço foi dedicado para dar crédito aos detentores de direitos autorais, mas, caso haja algum erro por omissão, o editor terá muita satisfação em inserir o agradecimento devido nas edições subsequentes do livro.

15 © luchunyu/Shutterstock
17 Courtesy Edra
19 Courtesy Established & Sons
21 © Christiansc14/Dreamstime Stock Photos & Stock Free Images
23 © Petr Louzensky/Shutterstock
25 Toy by Ooh Look, It's A Rabbit
27 © Luciano Soave
29 Courtesy Artelano
31 Copyright © 2013 www.andreaponti.com
33 Courtesy Viteo Outdoors
35 Courtesy Johnson Trading Gallery
37 Courtesy Doistrinta
39 Courtesy Josheph Walsh
41 Courtesy Tero Pelto Uotila/Textilewood
43 Gunn and Moore
45 © Brendan Olley
47 Courtesy Riley Classic Balsawood Surfboards. www.balsasurfboardsriley.com.au
49 © Brendan Olley
51 © Enkev
53 Courtesy of vimagana by Markus Werner.
55 © Enkev
57 Courtesy Claesson Koivisto Rune/Södra
59 Courtesy Fiorenzo Omenetto
61 © Suzanne Lee
63 Courtesy Willem de Ridder
65 © Londine www.londine.com
67 © Erik de Laurens
69 © Brendan Olley
71 © Phase One Photography – Le Laboratoire
73 Photography Maarten Van Houten
75 Courtesy Artek
77 Courtesy Cordula Kehrer
79 Werner Aisllinger's Hemp Chair, Verena

Stella Gompf. Photography Michel Bonvin
81 © Kirei
83 © Cellucomp Ltd
85 Courtesy Ecovative www.ecovativedesign.com
87 Courtesy Emiliano Godoy
89 Courtesy Alkesh Parmar
91 Courtesy Michael Young
93 Courtesy Smithoptics.com
95 © Vivobarefoot www.vivobarefoot.com
99 Courtesy Electrolux
101 Photography Nick Dimbleby, www.nickdimbleby.com
103 © Thierry Lasry
105 Courtesy Crocs
107 © Africa Studio/Shutterstock
109 © Nike
111 Courtesy JosephJoseph
113 Courtesy Normann Copenhagen
115 © KGID
117 Courtesy Kartell
119 Courtesy Solvay
121 Courtesy Le Creuset
123 Courtesy Jerszy Seymour
125 © Brendan Olley
127 © MacPherson Medical
129 Courtesy Magis
131 © Brendan Olley
133 Courtesy Sugru
135 © Brita
137 Courtesy OXO Good Grips
139 © Brendan Olley
141 Courtesy Big Fish Design: www.bigfish.co.uk
143 Courtesy Tom Dixon
145 © Chonrawit/Dreamstime.com
147 EMECO's 111 Navy Chair photographed by Doug Laxdal for Emeco
149 Courtesy Pandora Design Italy
151 Courtesy JosephJoseph
153 Courtesy Vitra www.vitra.com
155 © Brendan Olley
157 © Sagasan/Dreamstime.com
161 Designed by Tobias Wong in collaboration with Ju$t Another Rich Kid (Ken Courtney) and produced by CITIZEN: Citizen
163 Courtesy Driade www.driade.com
165 Courtesy Montblanc
167 Photography X R Kott

169 Spun, Heatherwick Studio, photo: Peter Mallet.
171 Courtesy Teorema Rubinetterie www.teoremaolnine.it
173 Groove Bowl from Gleam Pewter Collection. Designed by Miranda Watkins (2007). Photography: Graham Pym
175 Courtesy Barber Osgerby
177 Courtesy Canon
179 © Unicorn Products Ltd.
181 © Meirav Barzilay
183 Courtesy Leica Camera AG
185 © Brendan Olley
187 Courtesy Chris Lefteri
189 © Brendan Olley
191 Peter Guenzel, courtesy Established & Sons
193 Photography Richard Brine/www.richardbrine.co.uk
195 David Mellor Design Ltd
197 Courtesy Global
201 © Normann Copenhagen press photos
203 Courtesy Muuto.com
205 Courtesy Alexa Lixfeld www.alexalixfeld.com
207 Courtesy Royal VKB
209 Courtesy Koninklijke Tichelaar Makkum www.tichelaar.nl
211 Courtesy Royal VKB
213 Photography: Tonatiuh Ambrosetti & Daniela Droz
215 Courtesy Muuto.com
217 Thomas Sandell for Marsotto Edizioni. Photography Miro Zagnoli
219 Ceramic Induction Hob (SMEG). Courtesy Marc Newson Ltd (2008)
221 Courtesy Vertu, Constellation Ayxta
223 © Brendan Olley
225 Courtesy Kershaw
227 Courtesy Ginger Krieg Dosier/John Michael Krieg Dosier
229 Courtesy Chris Lefteri
231 RADO Ceramica ladies watch R21540712 courtesy RADO Watch Co Ltd.
233 © Xavier Young photography
235 Courtesy Gaia&Gino
237 LOBMEYR – Davies+Starr
239 Courtesy Samsung
241 Plum Digital/Got Wind

Agradecimentos

Sem dúvida, este livro não teria sido possível sem a visão e o apoio da minha editora Laurence King e, em particular, de Jo Lightfoot, que foi quem primeiro se encarregou deste projeto: Jo, você tem sido incrível, e agradeço muito sua paciência nesta publicação, que levei tanto tempo para concluir. Também, na Laurence King, deixo meus agradecimentos ao meu editor Gaynor Sermon, que tem sido mais tolerante do que eu possa dizer, e sempre prestativo; obrigado por me ajudar a preencher todas as lacunas e, novamente, por ser tão paciente. Obrigado a Jennifer Hudson, por sua ajuda e sugestão na busca de estudos de caso com os materiais. Foi um prazer poder trabalhar com alguém a quem sempre admirei, desde que eu era um estudante de design. Finalmente, agradeço a Laurence King, que, eu sei, demonstrou entusiasmo em ver este livro publicado.

Sou grato ao fotógrafo Brendan Olley, pelas imagens que capturou de alguns dos estudos de caso, à designer de livro Marianne Noble, do Studio Aparte, ao editor gráfico Lindsay Kaubi, e à responsável pela indexação, Angela Koo. Fico muito agradecido ao meu próprio time, na Chris Lefteri Design, que, embora nem sempre sabendo, proporcionou muito apoio e respostas e foi um pessoal maravilhoso para trabalhar, e que considero ser o melhor time CMF e com a maior competência no mundo: obrigado Young Jin, Gemma, Fanny, Gaia, Camilla e JJ. Obrigado, em particular, a Jane, que ajudou a pesquisar alguns dos fatos mais trabalhosos deste livro.